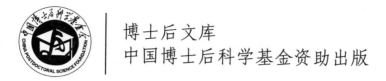

博士后文库
中国博士后科学基金资助出版

正交多载波探测技术

顾村锋　顾丹丹　著

科学出版社
北　京

内 容 简 介

正交多载波探测技术是宽带微波高分辨探测领域的一个重要分支，本书从探测波形的设计、探测系统的实现、探测系统所遇到的问题与解决途径、技术优势、医学上的应用，以及探测系统设计与验证平台 6 个方面较系统地介绍正交多载波探测技术，是作者多年型号经验和理论研究成果的总结。

本书可作为航天、航空、船舶、电子科技、兵器工业、汽车智能辅助系统等具有制导与雷达探测需求的科研院所和公司的工程设计参考用书，以及大学本科高年级和研究生专业课程教材。

图书在版编目 (CIP) 数据

正交多载波探测技术/顾村锋，顾丹丹著. —北京：科学出版社，2016.7
（博士后文库）
ISBN 978-7-03-049499-3

Ⅰ. ①正⋯ Ⅱ. ①顾⋯ ②顾⋯ Ⅲ. ①正交－载波－雷达探测－研究 Ⅳ. ①TN953

中国版本图书馆 CIP 数据核字 (2016) 第 175731 号

责任编辑：陈　静　赵微微 / 责任校对：桂伟利
责任印制：张　倩 / 封面设计：陈　敬

科 学 出 版 社 出版
北京东黄城根北街 16 号
邮政编码：100717
http://www.sciencep.com

中国科学院印刷厂 印刷
科学出版社发行　各地新华书店经销

*

2016 年 7 月第　一　版　开本：720×1 000　1/16
2016 年 7 月第一次印刷　印张：9 3/4　插页：4
字数：190 000
定价：**62.00 元**
（如有印装质量问题，我社负责调换）

《博士后文库》编委会名单

《博士后文库》序言

博士后制度已有一百多年的历史。世界上普遍认为,博士后研究经历不仅是博士们在取得博士学位后找到理想工作前的过渡阶段,而且也被看成是未来科学家职业生涯中必要的准备阶段。中国的博士后制度虽然起步晚,但已形成独具特色和相对独立、完善的人才培养和使用机制,成为造就高水平人才的重要途径,它已经并将继续为推进中国的科技教育事业和经济发展发挥越来越重要的作用。

中国博士后制度实施之初,国家就设立了博士后科学基金,专门资助博士后研究人员开展创新探索。与其他基金主要资助"项目"不同,博士后科学基金的资助目标是"人",也就是通过评价博士后研究人员的创新能力给予基金资助。博士后科学基金针对博士后研究人员处于科研创新"黄金时期"的成长特点,通过竞争申请、独立使用基金,使博士后研究人员树立科研自信心,塑造独立科研人格。经过 30 年的发展,截至 2015 年年底,博士后科学基金资助总额约 26.5 亿元人民币,资助博士后研究人员 5 万 3 千余人,约占博士后招收人数的 1/3。截至 2014 年年底,在我国具有博士后经历的院士中,博士后科学基金资助获得者占 72.5%。博士后科学基金已成为激发博士后研究人员成才的一颗"金种子"。

在博士后科学基金的资助下,博士后研究人员取得了众多前沿的科研成果。将这些科研成果出版成书,既是对博士后研究人员创新能力的肯定,也可以激发在站博士后研究人员开展创新研究的热情,同时也可以使博士后科研成果在更广范围内传播,更好地为社会所利用,进一步提高博士后科学基金的资助效益。

中国博士后科学基金会从 2013 年起实施博士后优秀学术专著出版资助工作。经专家评审,评选出博士后优秀学术著作,中国博士后科学基金会资助出版费用。专著由科学出版社出版,统一命名为《博士后文库》。

资助出版工作是中国博士后科学基金会"十二五"期间进行基金资助改革的一项重要举措,虽然刚刚起步,但是我们对它寄予厚望。希望通过这项工作,使博士后研究人员的创新成果能够更好地服务于国家创新驱动发展战略,服务于创新型国家的建设,也希望更多的博士后研究人员借助这颗"金种子"迅速成长为国家需要的创新型、复合型、战略型人才。

中国博士后科学基金会理事长

前　　言

鉴于对分辨率的要求，宽带技术一直是微波探测器的研究热点，宽带探测波形包括极窄脉冲相位调制信号，如超宽带(Ultra-wide Bandwidth，UWB)信号、线性调频(Linear Frequency Modulation，LFM)信号、频率捷变/频率步进(Stepped Frequency，SF)信号，以及上述相关信号的一些组合，如频率步进式线性调频信号、脉间相位调制、脉内线性调频等。然而极窄脉冲信号会降低信号发射功率，影响探测距离，对探测器接收机也提出了较大要求。与此同时，LFM雷达和频率捷变雷达在大带宽的情况下虽然可实现高分辨力，但都存在距离-多普勒耦合问题，在实际应用中受到限制。

2000年，Levanon将多相补码编码技术与正交频分复用(Orthogonal Frequency Division Multiplexing，OFDM)技术结合，提出了多载波补码相位编码(Multi-carrier Complementary Phase-coded，MCPC)雷达信号。MCPC信号模糊函数呈图钉型，除了具有较高的分辨率，其产生便利，易与高速通信技术、极化技术、其他宽带技术(如频率捷变)结合，同时在对抗宽带IQ不平衡、低空多路径效应等领域有其独特的优势。

书中介绍的内容综合了作者多年型号经验和研究成果，主要从以下几个方面相对系统地介绍MCPC探测技术：

(1) MCPC雷达探测信号原理与设计方法；

(2) MCPC探测系统的实现方式；

(3) MCPC探测系统的问题分析与解决途径；

(4) MCPC探测系统技术优势；

(5) MCPC探测系统在医学上的应用；

(6) MCPC探测系统设计与验证平台。

MCPC探测技术作为探测领域的一颗新星，本书从其实现方式、所存在的不足，以及特有的优势都有待不断深入研究和探讨。书中的内容希望能起到抛砖引玉的作用，也真诚地希望行内专家和读者来信批评指正，不吝赐教，让MCPC这一全新的探测技术能得到进一步的发展。相信其独特的探测优势，能在探测领域发光放彩，发挥其应有的作用。

顾村锋

2016年4月于上海

目　　录

第 1 章   绪   论

1.1   研究背景和意义

19 世纪 60 年代，Golay 提出了补码序列(complementary series)。在后续将近 50 年的发展历程中，补码编码技术在通信和雷达研究领域都得到了广泛的应用。在通信领域，补码编码技术用于实现数字通信的帧同步[1-3]和多用户的码分多址技术[4-6]。在雷达研究领域，补码编码技术被用于生成雷达信号波形，实现脉冲压缩[7-10]。

2000 年，Levanon 将多相补码编码技术与正交频分复用(Orthogonal Frequency Division Multiplexing，OFDM)技术结合，提出了多载波补码相位编码(Multi-carrier Complementary Phase-coded，MCPC)雷达信号。MCPC 雷达信号利用补码序列矩阵同时调制多个满足正交关系的载波生成。对于一个由序列长度为 M 的 N 个载波生成的 MCPC 雷达脉冲信号，其距离分辨力为 t_b / N，多普勒分辨力为 $1/(Mt_b)$(t_b 为单个调制相位周期)，脉冲压缩比可以达到 $N \cdot M$。MCPC 雷达信号可通过设置载波数、载波间隔和码元宽度的方式来实现高分辨力，且模糊函数呈图钉型，避免了距离-多普勒耦合问题。其产生过程可采用数字集成电路，通过快速傅里叶逆变换(Inverse Fast Fourier Transform，IFFT)的方式，具有控制简单和生成便利等优点。MCPC 雷达信号在信号产生和分辨力方面表现出的优越性使其成为高分辨力雷达领域的重要发展方向之一。

此外，MCPC 雷达信号可以与已成为诸多通信标准内容的 OFDM 通信技术进行有效结合，组建雷达通信网络。雷达通信网络可以实现不同体制、不同极化、不同频段、有源和无源雷达并存，并增强探测的抗干扰能力[11]。因此，MCPC 雷达信号得到国内外专家的重视和广泛研究[12-28]。例如，澳大利亚的 Donnet 和 Longstaff 受澳大利亚 Filtronic 工程团队的资助，提出将 MIMO(Multiple Input Multiple Output)雷达与 OFDM 通信技术相结合的方案[18]；荷兰的 Lellouch 和 Nikookar 受欧洲社团的第六框架项目(European Community's Sixth Framework Programme)的资助，研究了将 OFDM 通信技术应用于雷达网络中的可行性[19]；美国迈阿密大学的 Garmatyuk 等，受美国空军科学研究办公室的资助，提出将 OFDM 通信技术和 MCPC 雷达技术结合用于组建雷达和通信双用系统[20]等。

目前对于 MCPC 雷达技术的研究主要集中在 MCPC 雷达信号参数设置和性能分析[3,6,7,9,10]、MCPC 雷达信号多普勒容忍度分析[26]、MCPC 雷达信号低包络峰均比

(Peak to Mean Envelop Power Ratio，PMEPR)设计[27-49]、MCPC 雷达与通信系统组合[20]的研究 4 个方面。

鉴于除了具有较高的分辨率，其产生便利，易于与高速通信技术、极化技术、其他宽带技术(如频率捷变)结合，同时在对抗宽带 IQ 不平衡、低空多路径效应等领域有其独特的优势，本书综合了作者多年型号经验和研究成果，主要从 6 个方面相对系统性地介绍 MCPC 探测技术：

(1) MCPC 雷达探测信号原理与设计方法；

(2) MCPC 探测系统的实现方式；

(3) MCPC 探测系统的问题分析与解决途径；

(4) MCPC 探测系统技术优势；

(5) MCPC 探测系统在医学上的应用；

(6) MCPC 探测系统设计与验证平台。

1.2　MCPC 雷达信号原理和波形设计

在实际工程实现过程中，对于 MCPC 雷达信号的参数设置，在提高分辨力的同时，需综合考虑系统处理时间、探测的多普勒容忍度、相位噪声影响，以及系统部件的性能参数对波形参数设置的影响等问题。目前公开发表的研究成果主要围绕 MCPC 雷达信号高分辨力特性分析，以及与传统雷达信号的性能对比两方面[12,13,15,24,25]。文献[26]中，作者虽然考虑了多普勒容忍度问题，但没有提出具体的提高多普勒容忍度的方法。为此，书中第 2 章在分析 MCPC 雷达信号矛盾的参数设置问题和研究 MCPC 雷达信号在实际生成过程中遇到的载波数过少导致时域采样点不足、数模转换器(Digital-to-Analog Convertor，DAC)频率响应调制作用、信号镜像难以滤除和零中频结构下直流偏移(DC offset)影响等问题的基础上，结合过采样技术提出通过改变调制序列来动态调制载波间隔的改进型 MCPC 雷达信号生成方式。

1.3　MCPC 探测系统实现方式

在复杂的战场环境下，有源、无源等多种干扰的影响使传统利用目标回波提取的幅度、相位和频率信息的方式不能很好地抑制干扰，从而影响对目标的探测和识别。极化雷达可以从极化域获得目标散射电磁波更多的矢量信息。目标的极化域信息与时域、频域和空域信息配合使用，能提高目标探测与识别能力，并增强探测器的抗干扰性能。近年来，国内外都对极化信息的获取和处理展开了深入研究，例如，国防科学技术大学的施龙飞从事了极化抗干扰方面的研究[50,51]，哈尔滨工业大学的乔晓林从事了极化技术与脉冲雷达[52]、LFM 雷达技术结合的研究[53]，Giuli 等提出了散射矩阵同时测量技术[54,55]，Cameron 等研究了目标极化分解理论[56-58]等。目前极化探测主要有以下 3 个发展方向。

1. 探测体制的发展

为了获得目标更多的实时极化信息，极化探测经历了单极化发射、全极化接收，交错脉冲散射矩阵测量技术(ISMMT，又称分时极化探测)和同时散射矩阵测量技术(SSMMT，又称同时极化探测)3 个发展阶段。

单极化发射、全极化接收的方式在早期的极化雷达中应用较多[58,59]，如 19 世纪 60 年代的 AMRAD 雷达，但由于只能部分获取目标的极化散射信息，所以逐渐被收、发均是全极化的分时极化探测体制和同时极化探测体制取代。

分时极化探测方式是通过交替发射多种极化信号，再同时接收的分时探测体制。分时极化探测与单极化发射、全极化接收相比可获得更多的目标散射信息，得到了广泛应用，如美国的 S-POL 气象雷达[51]、丹麦的 EMISAR 合成孔径雷达[60,61]等。分时极化探测的缺点在于需要铁氧体等部件实现变极化，系统体积庞大、极化捷变速度较慢、极化切换器件隔离度有限，并且分时极化在探测过程中会遇到因目标运动速度变化带来的前后探测信号相位差的问题[62]。

1990 年 Giuli 提出了同时极化探测体制将包含多种极化的编码信号同时发射，在接收端利用编码信号间的非相关性提取每个极化下回波信息。由于各个极化的信号同时发射，同时极化探测体制舍去了极化切换器件，不会引入分时极化探测体制下遇到的因目标运动速度变化带来的前后探测信号相位差的问题。同时极化探测技术在获取目标极化信息上的优势和硬件实现的便利性，使其得到了研究者的不断关注[51-54]。

2. 宽带极化探测技术

宽带雷达技术可提高探测器的分辨力。将宽带雷达技术与极化探测技术结合，在提高探测分辨力的同时，探测系统在极化域获取目标散射特性的能力也将随着频段的加宽而提高。同时，宽带极化探测技术又分别从频域和极化域提高探测器区分和躲避干扰的能力，逼迫干扰机实时全频段、全极化干扰，降低了干扰信号功率密度，提高了探测成功率。目前，宽带极化探测在探测体制和宽带极化信息提取方面都刚刚起步，是当前的研究热点[51,62]。

3. 极化抗干扰技术

极化探测技术在获取更多目标散射特性，提高目标识别能力的同时，可实现极化域抗干扰。通过极化信息在区分目标和干扰的同时，采用极化滤波抑制干扰信号。如果将目标的极化域信息与目标的时域、频域等信息结合，再利用自适应等智能化技术，可对抗有源、无源等多种干扰，抗干扰措施更加多样化和智能化，目标识别能力也会随着信息多样化而不断增强。目前极化抗干扰技术的研究是诸多学者关注的热点[51,62]。

但就极化探测技术的发展现状，宽带极化探测体制和宽带极化信息提取方面都刚刚起步，可以实现同时极化探测和宽带极化探测的体制还未有公开报道。实现同时极化需要获得较低的峰值旁瓣水平(Peak Sidelobe Level，PSL)和信号独立性(Isolation，I)，而现有的实现同时极化探测方法采用了多个 m 序列同时测量点目标的散射矩阵[51,54]的方式。这种传统的编码方式问题在于很难使信号同时具有较高的 PSL 和 I，能够满足要求的码元组合也较少。在实现过程中，还需要通过增加码元长度的方式提高信号 PSL 和 I，增加系统处理时间，同时为了避免距离模糊问题，要求具有较窄的码元宽度。此外，传统相位编码方式必须通过降低码元宽度的方式实现高分辨力，这降低了信号发射功率，影响探测距离，在实际应用中受到限制。

而对于 MCPC 雷达信号，$N×N$ 的 MCPC 雷达信号脉冲可以有 $N!$ 个互相正交的补码序列组合，每个 MCPC 雷达信号又可以通过优化载波权重使得 PSL 和 I 同时得到满足，非常适合实现目标散射矩阵测量技术。如果能将 MCPC 雷达技术与频率捷变技术结合，则可以很好地实现宽带极化探测。为此，书中第 3 章利用 MCPC 雷达信号实现目标散射矩阵同时测量技术，并结合频率捷变技术设计了同时极化频率捷变 MCPC 雷达系统。

1.4 MCPC 探测系统的问题分析与解决途径

1.4.1 高 PMEPR

由于多载波特性，MCPC 雷达信号具有较高的 PMEPR，加大了系统对功率放大器的线性度和动态范围的要求，限制了其应用范围。信号的低 PMEPR 设计能在信号产生初期降低系统对功率放大器的线性度和动态范围的要求，并减少系统器件的非线性对信号的影响。为此在多载波系统研究领域，信号低 PMEPR 设计一直是研究者关注的焦点，而对于 MCPC 雷达信号，研究者在追求信号低 PMEPR 设计的同时，又希望能够兼顾探测性能。

目前，在通信领域，降低信号 PMEPR 的技术包括载波保留(Tone Reservation，TR)[29-31]发射、载波插入(Tone Injection，TI)[32-35]、选择映射(Selected mapping，SL)[36-39]、部分传输序列(Partial Transmit Sequence，PTS)[40-43]等。但 MCPC 雷达信号具有一定特殊性，采用载波保留发射或载波插入技术，通过删除或增加调制序列的方式降低信号 PMEPR，会改变原有信号结构，破坏 MCPC 雷达信号间的正交性，影响探测性能。而采用部分传输序列技术，通过对调制序列分别调制后，加权合成来降低信号 PMEPR 需要改变 MCPC 雷达信号发生器的结构，实现相对复杂。

在 MCPC 雷达信号研究领域，文献[13]和文献[16]中，作者给出了连续顺序周期转移(Consecutive Ordered Cyclic Shifts，COCS)方法，使信号 PMEPR 降低到 2.015 以下，但由于有明显的规律性，MCPC 雷达信号容易被干扰机跟踪干扰；文献[16]中，作者分析了当载波利用统一序列调制时，通过频率加权方式优化信号 PMEPR，分析过程所用调制的矩阵较为特殊，并不适用于补码序列矩阵调制的 MCPC 雷达信号。

因此目前还没有很好适用于 MCPC 雷达信号的低 PMEPR 设计方法，本书 4.3 节通过对 MCPC 雷达信号各载波权重因子进行优化设计，同时满足信号低 PMEPR 设计和实现较高的探测性能。

低 PMEPR 设计虽然可以降低 MCPC 雷达信号的 PMEPR，但仍不能改变其非恒(non constant)包络特性。在实际应用中，为了提高效率，功率放大器通常工作于非线性区，MCPC 雷达信号将受到功率放大器幅度失真(Amplitude to Amplitude Modulation，AM/AM)和相位失真(Amplitude to Phase Modulation，AM/PM)的影响[44]。为此，功率放大器非线性效应对 MCPC 雷达影响分析和 MCPC 雷达信号的功率放大器非线性效应补偿方法的研究是 MCPC 雷达系统发展的必要组成部分。

已公开报道的功率放大器非线性效应补偿方法主要有前馈型(feedforward)[45]、射频预失真[46]、模拟预失真[46, 47]和数字预失真[48, 49]几种。在诸多补偿方法中，从效果、成本和适用范围等角度考虑，数字预失真的方法应用最为广泛，可分为非实时和实时两大类。在文献[48]中，作者给出了以查表法为代表的非实时性补偿方法，这类方法不能解决放大器参数随时间变化的问题；在文献[49]中，作者讨论了以自适应技术为代表的实时提取放大器的参数用于非线性补偿的方法，这类方法虽然可以实现一定的实时补偿，但依赖于先前发射信号提取的功率放大器参数。由于 MCPC 雷达信号在脉冲发射和脉冲间隙的两种情况下，放大器参数差异较大，在较长脉冲间隔内提取的非线性参数不能用于非线性效应补偿。因此，传统的两类数字预失真补偿方法均不太适用于 MCPC 雷达系统。为此，本书 4.2 节在较高 PMEPR 影响分析的基础上，4.4 节利用单个 MCPC 雷达信号脉冲连续发射两次的信号结构和回波信号自相关信息来提取非线性参数，实现对功率放大器的非线性效应的实时补偿。

1.4.2　遮挡效应

目前微波探测器主要采用脉冲体制，MCPC 雷达探测信号也不例外，以脉冲体制主动雷达导引头为例，雷达导引头大多采用高重频体制，由于收、发分时进行，会存在"遮挡"效应，即在雷达导引头发射探测脉冲时间段，导引头无法接收回波信号。由于"遮挡"现象，导致目标回波信号进入遮挡期后，能量急剧下降，导引头无法正常跟踪目标,甚至错锁干扰或杂波信号,在低空、超低空状态下,还有可能锁定镜像目标,导引头测角精度大大降低,影响整个制导控制系统的目标跟踪性能。第 6 章将重点介绍遮挡机理、对探测器的影响,以及抗遮挡技术。其中 6.2 节将介绍遮挡机理,并对导引头进入"半遮挡"、"全遮挡"阶段所受的影响进行深入分析,在此基础上,6.3 节介绍目前已公开发表的导引头抗遮挡技术,其主要有以下 3 大类[63-66]:

(1) 变重频抗遮挡法;

(2) 遮挡期外推法;

(3) 遮挡预判法。

本书将根据这 3 大类抗遮挡方法的原理和特点,分析各类方法所适用的制导体制和场合,并重点给出遮挡预判的原理和实现方法,为导引头抗遮挡技术的实际工程选用提供理论依据。

1.5　MCPC 探测系统的技术优势

1.5.1　宽带 IQ 不平衡补偿

出于对成本和体积的考虑,零中频发射机和接收机在无线通信系统中广泛应用,也适用于 MCPC 雷达系统。然而在零中频结构下,系统会受到 IQ 不平衡的影响,尤其在宽带系统中,IQ 不平衡参数还将随频率发生变化。IQ 不平衡的影响将降低通信系统的信道估计能力和系统同步性能[67],提高通信误码率(Bit Error Rate,BER)和矢量幅度误差(Error Vector Magnitude,EVM)[67-72]。在雷达系统中,IQ 不平衡又会引入信号镜像分量,导致目标错误指示。所以对于宽带频率调制 IQ 不平衡的影响分析与补偿技术的研究不但是宽带雷达发展的需求,也是宽带通信系统研究的重要组成部分。

目前公开报道的 IQ 不平衡补偿方法主要有两类[69-72]:频域补偿和时域补偿。时域补偿方法因避免了信号估计和 IQ 补偿过程中所引入的判决误差而优于频域补偿方法[67]。在文献[69]中,作者讨论了 OFDM 通信系统中载波频率偏移和 IQ 不平衡联合获取的方法,但没有考虑由 IQ 不平衡产生的信号估计判决误差;在文献[67]中,作者提出了一种时域 IQ 不平衡补偿方法,但是未考虑噪声的影响。同时文献[68]和文献[70]中,作者均未讨论在宽带情况下,IQ 不平衡随频率变化的补偿问题。对于频率调制 IQ 不平衡补偿,参数的提取和补偿通常是通过自适应技术实现的,而这种方法实现比较复杂,且 IQ 不平衡参数的提取会因为噪声的影响降低收敛速度[71]。在文献[71]中,作者提出了适合于硬件实现的用于降低频率调制 IQ 不平衡影响的方法,这种方法的缺点在于只适用于特定的滤波器,并基于严格的假设条件,如随频率变化的通带增益误差和线性变化的通带相位误差,而且该方法还需要输入基准信号以提取 IQ 不平衡参数。因此,目前公开发表的研究成果中还没有有效地适用于宽带和低信噪比情况下的 IQ 不平衡补偿方法。

如果能将宽带回波信号细分,逐一补偿,并利用信号间的相关特性去除噪声影响,则会降低频率调制的作用和噪声的影响给补偿过程带来的难度。为此,第 7 章将 MCPC 雷达信号频带细分,并利用雷达回波信号与原发射信号的互相关函数来提取 IQ 不平衡参数,实现对宽带频率调制 IQ 不平衡时域补偿。补偿过程中,利用 MCPC 信号间的相关特性去除噪声影响,并采用 MCPC 信号间的非相关性简化由频带细分增加的计算量。

1.5.2 多路径效应补偿

利用低空、超低空飞行实施突防,破坏敌方防空网,最后进行全方位、多层次攻击是近代几次局部战争飞机和巡航导弹比较常用的战术手段,成功战例屡见不鲜。例如,英阿马岛之战,阿根廷空军使用"飞鱼 AM-39"低空反舰导弹击沉英国的"谢菲尔德"号驱逐舰;再如,2000 年美国在亚洲地区唯一的一艘常驻航母"小鹰号"进行代号为"12G-利剑 2000"演习时,俄罗斯空军苏-24MR 战斗侦察机和苏-27 战斗机两度成功低空、超低空突破美国"小鹰号"航母的防空雷达。此外,1991 年的海湾战争,1999 年的科索沃战争,还有阿富汗战争,美国发射了不计其数的导弹,其中主要包括 BGM-109、AGM-129A 等,这些巡航导弹可在离海面 7~15m,陆地地面 50~150m 的高度上飞行。由于低空突防武器的飞行高度低,雷达散射面积小,机动性强,利用地形、地物的遮蔽,以及强烈地、海杂波和多路径效应的干扰能有效地躲避防空警戒雷达和其他防空武器的捕获。据统计,在陆战场,航空兵器的飞行高度为 1000m 时,地面雷达发现目标的概率为 100%;高度为 100m 时,雷达发现概率为 30%。在海战场,超低空突防的舰空兵器被舰上对空雷达发现的距离为中空突防的 1/6,低空突防的 1/3,发现的概率均比中、低空突防约低 36.7%。基于低空、超低空突防的有效性,此类作战方式,备受各国军方重视,被广泛用于航空兵作战和各种目的的飞行活动中。

为此,面对现代战争中,低空突防已作为常规突防手段的大背景,低空或超低空突防类目标的识别跟踪能力是考核现代制导系统在严酷战争环境下防御能力的重要组成部分。

在低空作战环境下,制导探测系统易受到地形、地物的遮蔽,强烈地、海杂波会进入到导引头接收机。此外,受到多路径效应的影响,目标镜像也会影响导引头正常的目标截获,种种环境影响的机理,以及弹体动态条件下,影响的关键因素和影响的效果都有待分析和研究,以此为后续制导体制的选择提供依据。

由于低空环境下,将会有诸多杂波、干扰进入导引头接收机,同时如抗群目标和拖曳式干扰，以及目标关键部位精确打击等需求，传统的窄带脉冲多普勒等体制已不能完全胜任目标的截获、区分和关键部位精确识别的需求，而诸多宽带探测技术各有各的特点，寻找适用于低空、超低空环境制导探测体制是研究重点，而对应制导体制下的关键技术研究又将是重中之重。

第 8 章在给出导弹低空作战环境多路径模型、反射系数模型的基础上，理论分析了在低空作战环境条件下，制导系统制导误差的来源和影响因素，并静态仿真分析了不同影响因素对导引头雷达误差输出的影响程度；最后，利用典型低空弹道型，分别在光滑反射表面和非光滑反射表面情况下，动态分析了多路径效应对制导系统整个工作过程的影响。

低空战场环境下，多路径效应会影响导引头的跟踪性能，甚至引起导引头无法正常锁定和跟踪目标直接关系制导系统的成败，为此，抗多路径设计是制导探测系统低空作战环境下总体设计的重中之重。书中第 8 章基于第 2 章给出的正交频率复用的制导体制，提出多载波条件下的低空多路径制导误差补偿方法，详细分析了补偿原理，并给出了易于工程实现的简易补偿实现方法，最后通过仿真分析验证了该补偿方法的有效性。

1.6　MCPC 探测系统在医学上的应用

第 2～第 8 章分别从 MCPC 雷达探测信号原理与设计方法、MCPC 探测系统的实现方式、MCPC 探测系统的问题分析与解决途径，以及 MCPC 探测系统技术优势等几个方面系统地介绍了 MCPC 探测技术，第 9 章将介绍 MCPC 探测信号在医学上的应用，凸显其在探测领域的优势。

微波辐射可利用正常人体组织与癌变组织的电磁特性差异，完成癌变组织的微波成像，达到检测的目的，多年来许多研究的热点均围绕着早期的乳腺癌微波检测和成像展开。微波照射的优势在于不存在电离特性允许多次检测，微波电子技术和设备较成熟，且具有体积小，与 X 射线和磁共振成像（Magnetic Resonance Imaging，MRI）设备相比成本低的特点。此外，文献[73]～文献[77]还讨论了微波技术用于早期乳腺癌检测的诸多优势。

然而，现有的乳腺癌微波检测和成像系统的成像过程，其串行的工作方式，为了获得较高的分辨率不可避免地耗时较长。较长的诊断时间，使得用户体验较差，同时被诊断对象在诊断过程中由于紧张、肌肉酸痛、呼吸等，不可避免地会活动，而人体的活动将降低系统的探测灵敏度和分辨率，最终导致图像模糊，影响诊断效果。在公开发表的相关文献中，采用了诸多方法来减少人体活动，例如，将人体检测部位固定；采用卧姿，病人脸朝下。

尽管此类方法在目前的检测过程中，对检测效果与成像质量起到一定作用，但是仍然不能从根本上解决该问题。较长的检测时间，此类防止人体过分活动的方法，反而使得诊断过程用户体验更差，令人望而生畏，影响其推广、发展和该发挥的医学作用。

此外，乳腺癌检测与成像的质量通常用分辨率进行衡量。通常情况下，微波信号波长越短，带宽越大，则探测系统越容易捕捉到被测对象的相关细节，也就是可获得较高的分辨率。然而在微波人体组织成像过程中，信号波长越短，则探测深度越小。

因此，在系统实现过程中，需要在成像分辨率和必要的探测深度间作出抉择，在真实系统中，探测信号的辐射功率和系统灵敏度决定系统的探测深度。而系统的探测灵敏度又受到探测过程中正常组织引起的杂波、噪声，以及一些不确定因素的影响。所以杂波和噪声的功率是影响乳腺癌检测过程中微波信号探测深度的主要因素。

然而，MCPC 技术的宽带与多载波特性，其应用可使乳腺癌检测具有如下特点：
(1) 较高的成像分辨率；
(2) 快速成像；
(3) 可区域选择的杂波自我抑制能力。

1.7　MCPC 探测系统设计与验证平台

第 2～9 章节分别介绍了 MCPC 雷达信号原理与设计方法、同时极化频率捷变 MCPC 探测系统、准光功率合成制导探测发射机、导引头抗遮挡技术、MCPC 宽带系统 IQ 不平衡补偿技术、多载波低空多路径制导误差补偿技术，以及 MCPC 探测技术在医学领域的应用，这些关键技术的初期设计、验证需要设计平台支撑，后续的样机，以及最终产品逻辑、性能的考量需要相关仿真环境进行多种条件下的测试和验证。第 10 章将从设计初期和研发后期的仿真与验证两个阶段介绍相关的设计和验证手段。

参 考 文 献

[1] Lowe D, Huang X J. Ultra-wideband MB-OFDM channel estimation with complementary codes[C]. International Symposium on Communications and Information Technologies, Bangkok, 2006: 623-628

[2] Liu J C, Kang G X, Lu S, et al. Preamble design based on complete complementary sets for random access in MIMO-OFDM systems[C]. IEEE Wireless Communications and Networking Conference, Kowloon, 2007: 858-862

[3] Lowe D, Huang X J. Complementary channel estimation and synchronization for OFDM[C]. The

2nd International Conference on Wireless Broadband and Ultra Wideband Communications, Sydney, 2007: 23-23

[4] Chen H H, Yeh J F, Suehiro. A multicarrier CDMA architecture based on orthogonal complementary codes for new generations of wideband wireless communications[J]. IEEE Communications Magazine, 2001, 39: 126-135

[5] Magana M E, Liu H P. A multi-carrier CDMA system design based on orthogonal complementary codes[C]. IEEE Vehicular Technology Conference, Florida, 2003, 2: 1374-1378

[6] Kojima T, Aono M. On a convoluted-time and code division multiple access communication system using complete complementary codes[C]. International Workshop on Signal Design and Its Applications in Communications, Chengdu, 2007: 30-33

[7] Wakasugi K, Fukao S. Sidelobe properties of a complementary code used in MST radar observations[J]. IEEE Transactions on Geoscience and Remote Sensing, 1985, GE-23: 57-59

[8] Woodman R F. High-altitude resolution stratospheric measurement with arecibo 430MHz radar[J]. Radio Science, 1980, 15(2): 417-422

[9] Schmidt G, Ruster R, Czechowsky P. Complementary code and digital filtering for detection of weak VHF radar signals from the mesosphere[J]. IEEE Transaction on Geosci. Electronics, 1979, GE-17(4): 154-161

[10] Mudukutore A, Chandrasekar V, Keeler R J. Weather radars with pulse compression using complementary codes: simulation and evaluation[C]. International Symposium in Geoscience and Remote Sensing, Lincoln, 1996, 1: 574-576

[11] 陈永光, 李修和, 沈阳. 组网雷达作战能力分析与评估[M]. 北京: 国防工业出版社, 2006: 5-6

[12] Levanon N, Mozeson E. Multicarrier radar signals-pulse train and CW[J]. IEEE Transactions on Aerospace and Electronic Systems, 2002, 38(2): 707-720

[13] Levanon N. Multifrequency complementary phase-coded radar signal[J]. IEE Proceedings-Radar, Sonar and Navigation, 2000, 147: 276-284

[14] Sverdlik M N, Levanon N. Family of multicarrier bi-phase radar signals represented by ternary arrays[J]. IEEE Transactions on Aerospace and Electronic Systems, 2006, 42(3): 933-952

[15] Levanon N, Mozeson E. Radar Signals[M]. New York: Wiley, 2004: 327-371

[16] Mozeson E, Levanon N. Multicarrier radar signals with low peak-to-mean envelope power ratio[J]. IEE Proceedings-Radar, Sonar and Navigation, 2003, 150(2): 71-77

[17] 顾村锋, 缪晨, 侯志, 等. 多载波补偿相位编码雷达信号的子载波加权优化[J]. 探测与控制学报, 2008, 30(4): 56-60

[18] Donnet B J, Longstaff I D. Combining MIMO radar with OFDM communications[C]. European Radar Conference, Manchester, 2006: 37-40

[19] Lellouch G, Nikookar H. On the capability of a radar network to support communications[C]. IEEE Symposium on Communications & Vehicular Technology, Benelux, 2007: 1-5

[20] Garmatyuk D, Schuerger J, Morton Y T, et al. Feasibility study of a multi-carrier dual-use imaging radar and communication system[C]. European Radar Conference, Munich, 2007: 194-197

[21] Shu H N. Wireless Sensor Network Lifetime Analysis and Energy Efficient Techniques[D]. Arlington: University of Texas, 2007

[22] 余志锋, 徐爱杰, 雷根生. C4KISR-美军指挥自动化系统的最新发展[J]. 火力与指挥控制, 2007, 32(3): 5-7

[23] 丁锋, 杨健, 余志锋. 美军 C4KISR 系统的体系结构及发展展望[J]. 电光与控制, 2005, 12(1): 1-4

[24] 梁萧. 多载波相位编码雷达的研究[D]. 哈尔滨: 哈尔滨工业大学, 2006

[25] 顾陈, 张劲东, 朱晓华. 基于 OFDM 的多载波调制雷达系统信号处理及检测[J]. 电子与信息学报, 2009, 31(6): 1298-1300

[26] Franken G E A, Nikookar H, van Genderen P. Doppler tolerance of OFDM-coded radar signals[C]. Proceedings of the 3rd European Radar Conference, Manchester, 2006: 108-111

[27] 顾村锋, 吴文. 多载波调相雷达的放大器非线性效应补偿[J]. 南京理工大学学报(自然科学版), 2010, 34(4): 508-512

[28] 肖志斌, 顾村锋, 高帆, 等. 基于多载波的无人机探测与通信技术研究[J]. 上海航天, 2016, 33(1): 69-74

[29] Jiao Y Z, Liu X J, Wang X A. A novel tone reservation scheme with fast convergence for PAPR reduction in OFDM systems[C]. IEEE Conference on Consumer Communications and Networking, Las Vegas, 2008: 398-402

[30] Hyun-Bae J, Hyung-Suk N, Dong-Joon S, et al. Multi-stage TR scheme for PAPR reduction in OFDM signals[J]. IEEE Transactions on Broadcasting, 2009, 55: 300-304

[31] Krongold B S, Jones D L. An active-set approach for OFDM PAR reduction via tone reservation[J]. IEEE Transactions on Signal Processing, 2004, 52: 495-509

[32] Reisi N, Ahmadian M. Reducing the complexity of tone injection scheme by suboptimum algorithms[C]. ISECS International Colloquium on Computing, Communication, Control, and Management, Guangzhou, 2008: 27-31

[33] Mizutani K, Ohta M, Ueda Y, et al. A PAPR reduction of OFDM signal using neural networks with tone injection scheme[C]. 6th International Conference on Information, Communications & Signal Processing, 2007: 1-5

[34] Seung Hee H, Cioffi J M, Jae Hong L. Tone injection with hexagonal constellation for peak-to-average power ratio reduction in OFDM[J]. IEEE Communications Letters, Singapore, 2006, 10: 646-648

[35] Wattanasuwakull T, Benjapolakul W. PAPR reduction for OFDM transmission by using a method of tone reservation and tone injection[C]. Fifth International Conference on Information, Communications and Signal Processing, Bangkok, 2005: 273-277

[36] Yang L, Soo K K, Siu Y M, et al. A low complexity selected mapping scheme by use of time domain sequence superposition technique for PAPR reduction in OFDM system[J]. IEEE Transactions on Broadcasting, 2008, 54: 821-824

[37] Le Goff S Y, Boon Kien K, Tsimenidis C C, et al. A novel selected mapping technique for PAPR reduction in OFDM systems[J]. IEEE Transactions on Communications, 2008, 56: 1775-1779

[38] Suyama S, Nomura N, Suzuki H, et al. Subcarrier phase hopping MIMO-OFDM transmission employing enhanced selected mapping for PAPR reduction[C]. IEEE 17th International Symposium on Personal, Indoor and Mobile Radio Communications, Helsinki, 2006: 1-5

[39] Bauml R W, Fischer R F H, Huber J B. Reducing the peak-to-average power ratio of multicarrier modulation by selected mapping[J]. Electronics Letters, 1996, 32: 2056-2057

[40] Jiao Y Z, Wang X A, Xu Y, et al. A novel PAPR reduction technique by sampling partial transmit sequences[C]. 5th International Conference on Wireless Communications, Networking and Mobile Computing, Beijing, 2009: 1-3

[41] Tian Y F, Ding R H, Yao X A, et al. PAPR reduction of OFDM signals using modified partial transmit sequences[C]. 2nd International Congress on Image and Signal Processing, Tianjin, 2009: 1-4

[42] Sharma P K, Nagaria R K, Sharma T N. PAPR reduction for OFDM scheme by new partial transmit sequence technique in wireless communication systems[C]. First International Conference on Computational Intelligence, Communication Systems and Networks, Indore, 2009: 114-118

[43] Lu G, Wu P, Carlemalm-Logothetis C. Peak-to-average power ratio reduction in OFDM based on transformation of partial transmit sequences[J]. Electronics Letters, 2006, 42: 105-106

[44] Saleh A. Frequency-independent and frequency-dependent nonlinear models of TWT amplifiers[J]. IEEE Transactions on Communications, 1981, 29: 1715-1717

[45] 刘辉. 射频功率放大器线性化技术研究[M]. 西安: 西安电子科技大学, 2005: 75-100.

[46] 杨建涛, 高俊, 王柏杉, 等. 基于 LUT 的射频预失真技术[J]. 海军工程大学学报, 2009, 21(4): 78-81

[47] 鲍景富, 黄金福, 齐家红. 一种模拟预失真技术的宽带功率放大器的研究[J]. 微波学报, 2009, 25(4): 66-68

[48] He Z Y, Ge J H, Geng S J, et al. An improved look-up table predistortion technique for HPA with memory effects in OFDM systems[J]. IEEE Transactions on Broadcasting, 2006, 52: 87-91

[49] Morgan D R, Ma Z X, Kim J, et al. A generalized memory polynomial model for digital predistortion of RF power amplifiers[J]. IEEE Transactions on Signal Processing, 2006, 54: 3852-3860

[50] 史松伟, 沈荣, 杨革文, 等. 同时极化捷变频多载波调相雷达技术研究[J]. 现代雷达, 2011, 33 (6): 8-12

[51] 施龙飞. 雷达极化抗干扰技术研究[D]. 长沙: 中国人民解放军国防科学技术大学, 2007: 25-40

[52] 乔晓林, 宋立众, 谢新华. 极化编码脉压雷达信号的相关检测[J]. 系统工程与电子技术, 2003, 25 (5): 550-553

[53] 宋立众, 蒋明, 孟宪德, 等. 极化捷变 LFM 脉冲压缩信号的相关检测[J]. 哈尔滨商业大学学报 (自然科学版), 2004, 20 (6): 671-674

[54] Giuli D, Fossi M, Fecheris L. Radar target scattering matrix measurement through orthogonal signals[J]. Radar & Signal Processing IEE Proceedings-F, 1993, 140 (4): 233-242

[55] Giuli D, Fecheris L. Simultaneous scattering matrix measurement through signal coding[C]. IEEE International Conference, Arlington, 1990: 258-262

[56] Cameron W L, Lenng L K. Feature motivated polarization scattering matrix decomposition[C]. IEEE International Conference on Radar, Arlington, 1990: 549-557

[57] Cloude S R, Pottier E. A review of target decomposition theorems in radar polarimetry[J]. IEEE GRS, 1996, 34 (2): 498-517

[58] Ingwersen P A, Lemnios W Z. Radar for ballistic missile defense research[J]. Lincoln Laboratory Journal, 2000, 12 (2): 245-266

[59] Freeeman E C. MIT lincoln laboratory: technology in the national interest[J]. Isis, 1997

[60] Christensen E L, Dall J. EMISAR: a dual-frequency, polarimetric airborne SAR[C]. IEEE International on Geoscience and Remote Sensing Symposium, 2002, 3: 1711-1713

[61] Christensen E L, Skou N, Dall J. EMISAR: an absolutely calibrated polarimetric L- and C-band SAR[J]. IEEE Transations on Geoscience and Remote Sensing, 1998, 36 (6): 1852-1865

[62] 庄钊文, 肖顺平, 王雪松. 雷达极化信息处理及其应用[M]. 北京: 国防工业出版社, 1999

[63] 顾村锋, 王学成, 罗志军, 等. 导引头遮挡预判研究与效果分析[J]. (已被《上海航天》录用)

[64] 李庚泽, 顾村锋, 朱俊, 等. 雷达导引头三种抗遮挡技术的适用性分析[J]. 制导与引信, 2015, 36 (1): 4-7

[65] 郭玉霞, 吴湘霖, 张德峰. 雷达导引头变重频抗遮挡算法设计[J]. 航空兵器, 2009, 3: 28-30

[66] 沈亮, 李合新. PD 雷达导引头的遮挡现象及其处理方法[J]. 制导与引信, 2007, 28 (1): 1-6

[67] Tubbax, Come B, van der Perre L. Compensation of IQ imbalance and phase noise in OFDM Systems[J]. IEEE Transactions on Wireless Communications, 2005, 4: 872-877.

[68] Tarighat A, Bagheri R, Sayed A H. Compensation schemes and performance analysis of IQ

imbalances in OFDM receivers[J]. IEEE Transactions on Signal Processing, 2005, 53(8): 3257-3268

[69] Horlin F, Bourdoux A, van der Perre L. Low-complexity EM-based joint acquisition of the carrier frequency offset and IQ imbalance[J]. IEEE Transactions on Wireless Communications, 2008, 7: 2212-2220

[70] Windisch M, Fettweis G. Performance degradation due to I/Q imbalance in multi-carrier direct conversion receivers: a theoretical analysis[C]. IEEE International Conference on Communications, Istanbul, 2006: 257-262

[71] Kiss P, Prodanov V. One-tap wideband I/Q compensation for zero-IF filters[J]. IEEE Transactions on Circuits and Systems I: Regular Papers, 2004, 51: 1062-1074

[72] Schenk T. RF Imperfections in High-rate Wireless Systems: Impact and Digital Compensation[M]. Berlin: Springer, 2008

[73] 徐立. 早期乳腺癌肿瘤的超宽带微波检测方法研究[D]. 天津: 天津大学, 2013

[74] Nikolova N K. Microwave imaging for breast cancer[J]. IEEE Microwave Magazine, 2011, 11: 78-94.

[75] Fear E C, Stuchly M A. Microwave detection of breast cancer[J]. IEEE Transaction on Microwave Theory and Techniques, 2000, 48(11): 1854-1862

[76] Fear E C, Hagness S C, Meaney P M, et al. Enhancing breast tumor detection with near-field imaging[J]. IEEE Microwave Magazine, 2002, 3: 48-56

[77] Fear E C, Bourqui J, Curtis C, et al. Microwave breast imaging with a monostatic radar-based system: a study of application to patients[J]. IEEE Transactions on Microwave Theory and Techniques, 2013, 61(5): 2119-2128

第 2 章　MCPC 雷达信号原理与设计方法

2.1　概　　述

在传统的高分辨力雷达信号的研究中，通常通过降低相位编码雷达信号的码元宽度（如超宽带雷达），或者增大线性调频（Linear Frequency Modulation，LFM）雷达和频率捷变/频率步进（Stepped Frequency，SF）雷达的信号带宽来实现高分辨力。通过降低相位编码雷达码周期的方法降低信号发射功率，影响探测距离。此外相位编码雷达信号具有较高的相关函数旁瓣，不利于目标探测，如 Barker 相位编码信号的最大压缩比不超过 22.3dB。而 LFM 雷达和 SF 雷达在大带宽的情况下虽然可实现高分辨力，但都存在距离-多普勒耦合问题，在实际应用中受到限制[1,2]。

通过傅里叶逆变换产生，由补码序列矩阵同时调制多个满足正交关系的载波生成的 MCPC 雷达信号，可通过同时设置载波数、载波间隔和码元宽度的方式来实现高分辨力，其模糊函数呈图钉型，避免了距离-多普勒耦合问题。MCPC 雷达信号在信号产生和分辨力方面表现出的优越性使其成为雷达领域的研究热点，近年来得到多方关注[3-12]。与此同时，由于 MCPC 雷达信号基于 OFDM 技术，更能与时下已成为诸多通信标准内容的 OFDM 通信技术有效结合，组建雷达通信网络。雷达通信网络可以实现不同体制、不同极化、不同频段、有源和无源雷达并存，并增强探测的抗干扰能力[13]。

目前对于 MCPC 雷达技术的研究主要集中在 MCPC 雷达信号参数设置和性能分析[3-10]、MCPC 雷达信号多普勒容忍度分析[11]、MCPC 雷达信号低 PMEPR 设计[3,4,7,12]和 MCPC 雷达与通信系统组合[12]的研究 4 个方面。但从 MCPC 雷达系统的具体工程实现和应用过程考虑，还需对如下理论与技术进行深入研究：总体方案设计；在实现过程中系统部件的性能参数对波形参数设置的影响分析；MCPC 雷达信号的功率放大器非线性效应补偿技术；MCPC 雷达体制与其他雷达技术（如极化技术、宽带技术等）结合等。

此外，在实际工程实现过程中，对于 MCPC 雷达信号的参数设置，在提高分辨力的同时，需综合考虑系统处理时间、探测的多普勒容忍度、相位噪声影响，以及系统部件的性能参数对波形参数设置的影响等问题。目前公开发表的研究成果主要围绕 MCPC 雷达信号高分辨力特性分析，以及与传统雷达信号的性能对比两方面[3,4,7,9,10]。文献[11]中，作者虽然考虑了多普勒容忍度问题，但没有提出具体的提高多普勒容忍度的方法。

为此，本章在分析 MCPC 雷达信号矛盾的参数设置问题和研究 MCPC 雷达信号在实际生成过程中遇到的载波数过少导致时域采样点不足、数模转换器频率响应调制作用、信号镜像难以滤除和零中频结构下直流偏置（直流偏移）影响等问题的基础上，结合过采样技术提出通过改变调制序列来动态调制载波间隔的改进型 MCPC 雷达信号生成方式和具有多普勒频率免疫力的信号探测方法。理论和仿真分析验证了改进型 MCPC 信号产生方法对于提高 MCPC 雷达性能的有效性。

在后续章节书中还将陆续展开 MCPC 雷达体制和宽带极化体制结合、MCPC 雷达信号低 PMEPR 设计、功率放大器非线性效应补偿和 MCPC 雷达系统宽带 IQ 不平衡补偿的研究。

2.2　MCPC 雷达信号基本原理

MCPC 雷达信号的结构图如图 2.1 所示。$N×M$ 的 MCPC 雷达脉冲信号，由 $N×M$ 的补码矩阵同时调制 N 个相位周期为 $M \cdot t_b$ 的载波生成（t_b 为单个相位周期）。载波间隔 Δf 为 $1/t_b$，载波间满足正交关系。单个 MCPC 雷达脉冲信号可表示为

$$u(t) = \begin{cases} \sum_{n=1}^{N} W_n \exp\left[j2\pi\left(\frac{N+1}{2} - n \right) t/t_b \right] \times \sum_{m=1}^{M} u_{n,m}[t-(m-1)t_b], & 0 \leq t \leq Mt_b \\ 0, & \text{其他} \end{cases} \tag{2.1}$$

式中，W_n 是各载波的幅度权重，$u_{n,m}$ 的计算公式为

$$u_{n,m}(t) = \begin{cases} \exp(j\phi_{n,m}), 0 \leq t \leq t_b \\ 0, & \text{其他} \end{cases} \tag{2.2}$$

其中，$\phi_{n,m}$ 为第 n 个载波的第 m 个相位元素。MCPC 脉冲的模糊函数为图钉型，具有 t_b/N 的距离分辨力和 $1/(Mt_b)$ 的多普勒分辨力[3]，脉冲压缩比达到 $N \cdot M$。MCPC 雷达信号可采用数字集成电路，通过 IFFT 的方式生成，产生便利，控制简单，并具有较强的抗窄带干扰能力。MCPC 雷达信号缺点是对相位噪声比较敏感，具有较高的信号 PMEPR，而且信号 PMEPR 会随着载波数目 N 的增加而增大。

在文献[3]、文献[6]、文献[7]中，作者分析了 MCPC 雷达信号高分辨力和高 PMEPR 的特点，并提出了降低自相关函数主旁瓣比和降低信号 PMEPR 的方法。然而作者没有综合讨论如何设置 MCPC 雷达信号参数以降低探测系统处理时间、提高距离探测的多普勒容忍度和解决相位噪声影响等问题。在文献[11]中，作者分析了

MCPC 雷达信号的参数设置对信号多普勒容忍度的影响，但未给出提高信号多普勒容忍度的具体方法。此外，现有公开发表的文献均没有讨论系统实现方式，以及系统中器件性能对 MCPC 雷达信号产生的影响。

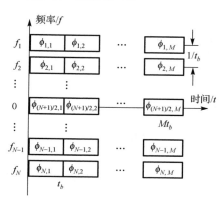

图 2.1　$N×M$ 的 MCPC 雷达信号结构图（N 为奇数）

　　为此，本章分析了 MCPC 雷达信号在提高距离分辨力和多普勒分辨力过程中遇到的矛盾的参数设置问题；研究了 MCPC 雷达信号在利用 IFFT 实际生成过程中，由于载波数较少，导致时域采样点不足引起自相关函数失真，以及信号受到 DAC 频率响应调制作用的影响和信号镜像难以滤除的问题；利用过采样技术解决了载波数较少情况下，自相关函数失真问题，缓解了 DAC 频率响应的调制作用，并且加大信号与其镜像的频率间隔，使镜像信号易于滤除；提出频率加权方法彻底补偿了 DAC 频率响应的调制作用；分析了过采样技术无法解决的零中频结构下存在的直流偏移对信号的影响；提出改进型 MCPC 雷达信号生成方法，在提高 MCPC 雷达信号分辨力等性能的同时，避免了直流偏移带来的影响。

2.3　MCPC 雷达波形参数分析

　　根据本章 2.2 节给出的 MCPC 雷达信号的距离分辨力（t_b / N）和多普勒分辨力（$1/(Mt_b)$），本节对各个参数设置作以下分析。

1. 相位周期 t_b 的设置

　　降低相位周期 t_b 可以提高 MCPC 雷达信号的距离分辨力，但会对系统数字电路、模数转换器（Analog-to-Digital Convertor，ADC）和 DAC 提出较高要求，而且 MCPC 雷达信号的多普勒分辨力会因为信号码元长度的降低而降低。

　　增加单个相位周期 t_b 可以提高 MCPC 雷达信号的多普勒分辨力，但会使 MCPC

雷达信号的载波间隔 Δf 减小，导致信号的多普勒容忍度降低[11]。此外，Δf 较小的情况下，相邻载波间影响（Foreign Contribution，FC）将会加剧，而且很难去除[14,15]。

2. 信号载波数目 N 的设置

增加载波数目 N 可以提高 MCPC 雷达信号的距离分辨力，但会增大信号的瞬时峰值和 PMEPR，也增加了对系统动态范围和高线性度功率放大器的要求，不利于远距离探测。

3. 调制序列长度 M 的设置

增加调制序列长度 M 可以提高 MCPC 雷达信号的多普勒分辨力，但会增加整个系统的处理时间。

综上所述，矛盾的参数设置使 MCPC 雷达信号很难同时满足所有性能的需求：高的距离分辨力、高的多普勒分辨力、较小的信号 PMEPR、对多普勒频率和相位噪声的较高免疫力。

2.4　MCPC 雷达信号产生及其性能分析

如本章 2.2 节所述，MCPC 雷达信号可以利用数字电路通过 IFFT 产生，生成方便且易于控制，但 MCPC 雷达信号的性能也将受限于系统器件特性。文献[3]和文献[7]中，作者分析了 MCPC 雷达信号特征，也给出了提高 MCPC 雷达信号主旁瓣比和降低信号 PMEPR 的方法，然而作者并未分析系统实现过程中，系统器件特性对 MCPC 雷达性能的影响。为此，本节分析了信号采样率、DAC 频率响应，以及直流偏移对 MCPC 雷达信号的影响，并提出了解决方法。

2.4.1　采样率与 DAC 频率响应对 MCPC 雷达性能影响分析

1. 采样率影响分析

MCPC 雷达信号可以利用数字电路，通过 IFFT 的方式产生，产生方式如图 2.2 所示，图 2.2 中的调制序列 $\{x(i)\}$ 即为式 (2.2) 中的 $u_{n,m}(t)$。N 个载波组成的 MCPC 雷达信号采用 N 个调制序列通过 N 点 IFFT 后，经并/串（Paralle to Serial，P/S）和 DAC 获得 MCPC 雷达信号。但由 N 点的 IFFT 产生的 MCPC 雷达信号每个相位周期 t_b 内只有 N 个时域采样点，当载波数目较小的情况下，采样点数不能满足性能要求。图 2.3 利用文献[3]中的 8×8 的 MCPC 雷达信号脉冲串，给出了其理想自相关函数和由 8 点 IFFT 生成后的自相关函数比较图。

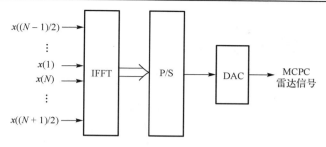

图 2.2　MCPC 雷达信号产生方式

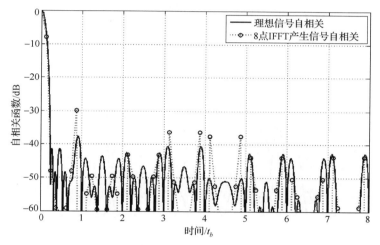

图 2.3　8×8 MCPC 雷达信号理想自相关函数和由 8 点 IFFT 生成后的自相关函数比较图

由图 2.3 的分析比较可知由 8 点 IFFT 产生的 MCPC 雷达信号其自相关函数已不能说明原 MCPC 雷达信号理想自相关函数特性，部分区域旁瓣高度差异达 10dB。

2. DAC 频率响应影响和镜像分量分析

MCPC 雷达数字信号经 DAC 转换成模拟信号输出过程中，将受到 DAC 频率响应的影响，其影响可表示为[16]

$$\frac{\sin(\pi f / f_{\mathrm{s}})}{\pi f / f_{\mathrm{s}}} \tag{2.3}$$

式中，f 代表信号频率；f_{s} 代表信号采用率。图 2.4 给出了 DAC 频率响应和其逆响应随信号频率与信号采样率比值（f / f_{s}）变化的曲线。图 2.5 为 MCPC 雷达信号频谱示意图。

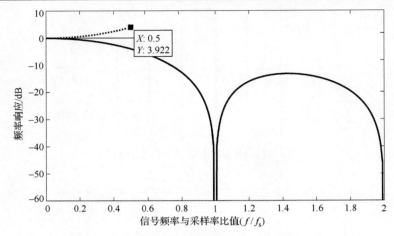

图 2.4　DAC 频率响应(实线)和其逆响应(虚线)

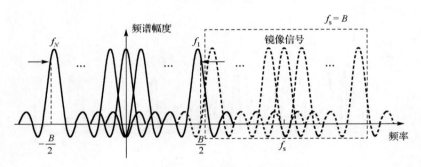

图 2.5　MCPC 雷达信号频谱示意图

如图 2.4 所示，f / f_s 越大，频率响应引入的功率差异越大。当直接采用 IFFT 产生 MCPC 雷达信号时，信号最高频率点与系统采样率比值为 0.5，由 DAC 频率响应引入的 MCPC 雷达信号载波间的最大功率差为 3.9dB，这将导致雷达接收机信噪比(Signal-to-Noise Ratio，SNR)的损失。与此同时，如图 2.5 所示，由于信号与其镜像在频域的间隔只有 Δf，在 DAC 输出端很难滤除镜像信号。

2.4.2　过采样技术的应用

为了增加 MCPC 雷达信号时域采样点数，改善自相关函数质量，可采用以下两种方法。

1. 增加载波数目

在 2.3 节分析了 MCPC 雷达信号增加载波数会增加 MCPC 信号的瞬间功率和信号 PMEPR，导致系统对功率放大器的线性度和动态范围提出较高要求。此外，MCPC

雷达信号与其镜像间的频率间隔并没有随着载波数增加而改变，在 DAC 输出端仍然很难滤除镜像信号，所以增加载波数的方法并不可行。

2. 过采样技术

图 2.6 和图 2.7 分别给出了 U 倍过采样下生成 MCPC 雷达信号的示意图和 MCPC 雷达信号频谱变化图。如图 2.6 所示，U 倍过采样通过对 IFFT 高频部分加入 $(U-1) \cdot N$ 个 0 实现，IFFT 变化点数由 N 增加至 $U \cdot N$。

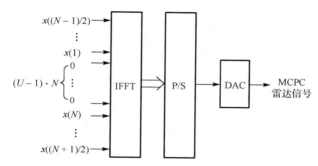

图 2.6　MCPC 雷达信号 U 倍过采样产生方式

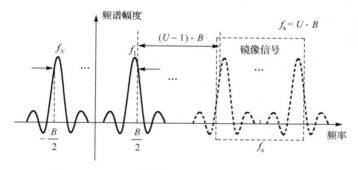

图 2.7　MCPC 雷达信号 U 倍过采样频谱示意图

1) U 倍过采样技术后，MCPC 雷达信号性能的改善

U 倍过采样后，MCPC 雷达信号在没有增加载波数的情况下，单个相位调制周期 t_b 内的采样点数增加至 $U \cdot N$ 个。图 2.8 给出了 MCPC 脉冲串理想自相关函数(实线)与 2、3、4 倍过采样所生成的 MCPC 雷达信号脉冲串自相关函数比较图。通过图 2.8 中比较发现，随着过采样倍数的增加，所产生的 MCPC 雷达信号其自相关函数的性能不断接近于理想情况。当 $U=4$ 时，自相关函数与理想情况基本一致。为此在实际应用中，为了使得 MCPC 雷达的性能不受采样率的影响，要求过采样率至少大于 4(基于这个前提，以下分析均考虑过采样率为 4 的情况)。

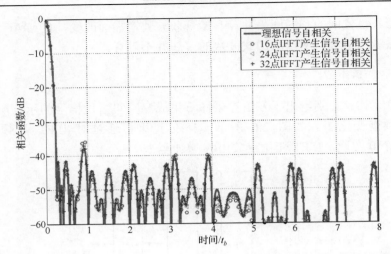

图 2.8　MCPC 脉冲串理想自相关函数与 2、3 和 4 倍过采样生成信号后自相关函数比较图（见彩图）

在系统采样率一定的情况下，由于采样点数的增加，信号的码元周期 Mt_b 加长，带来 MCPC 雷达信号多普勒分辨力 $1/(Mt_b)$ 的提高。

采用过采样技术生成 MCPC 雷达信号后，信号带宽内 DAC 的频率响应作用减小。当过采样率为 4 时，信号最高频率点频率值与系统采样率的比值为 0.125，则在 MCPC 雷达信号带宽内，由 DAC 频率响应引起的最大功率差异减小至 0.2dB。

采用过采样技术后，信号与镜像之间的间隔加大，易于滤除镜像信号。当 $U=4$ 时，信号与镜像之间的间隔为信号带宽的 3 倍（$f_s = 3B$）。

2）采用过采样技术所带来的弊端和未解决的问题

在系统采样率一定的情况下，U 倍过采样后，MCPC 雷达信号的带宽由 $B = f_s$，降低到 $B = f_s/U$。由于 MCPC 雷达信号各载波相互正交，单个相位周期 t_b 和 Δf 载波间隔间的关系可表示为

$$t_b = 1/\Delta f \tag{2.4}$$

MCPC 雷达信号的距离分辨力就可推导为

$$t_b/N = 1/(N\Delta f) = 1/B \tag{2.5}$$

由式（2.5）可知 MCPC 雷达信号的距离分辨力与其占用的带宽资源 B 有关。为此在系统采样率一定的情况下，过采样导致了信号带宽的降低，引起 MCPC 雷达信号距离分辨力的下降。

过采样带来 MCPC 雷达信号带宽的降低，由于载波数不变，带来载波间的间隔 Δf 减小，这会导致 MCPC 雷达信号对多普勒的容忍度和相位噪声的 FC 抵抗能力的降低。

采用过采样技术使得 DAC 频率响应的影响得到缓解，但并未彻底消除。

2.4.3 DAC 频率响应影响的补偿

2.4.2 节通过采用过采样技术，解决了 MCPC 雷达信号载波数较少情况下，时域采样点数过少和信号镜像难以滤除的问题，并使得 DAC 频率响应的影响得到缓解，但是并没有彻底去除 DAC 的频率响应。

在文献[16]中，作者讨论了多种补偿 DAC 频率响应的均衡技术，这些技术均基于滤波器技术：①在 DAC 前加数字滤波器；②在 DAC 后加模拟滤波器。然而，数字滤波器会增加信号处理时间；模拟滤波器在增加系统功能模块的同时，又会给整个信号带宽引入噪声。

鉴于 MCPC 雷达信号特殊的调制结构，本书提出将 DAC 的逆响应（如图 2.4 中虚线所示）加权于 MCPC 雷达信号各载波的频率权重以补偿 DAC 频率响应的影响。补偿过程可表示为

$$u_{\text{comp\_DAC}}(t) = \begin{cases} \sum_{n=1}^{N} W_n \dfrac{\pi f_n / f_s}{\sin(\pi f_n / f_s)} \exp\left[j2\pi\left(\dfrac{N+1}{2} - n \right) t / t_b \right] \times \sum_{m=1}^{M} u_{n,m}[t-(m-1)t_b], & 0 \leq t \leq Mt_b \\ 0, & \text{其他} \end{cases}$$

(2.6)

式中，$u_{\text{comp\_DAC}}(t)$ 为补偿 DAC 频率响应影响后信号；$(\pi f_n / f_s)/\sin(\pi f_n / f_s)$ 为各载波对应的 DAC 频率响应逆响应。在不改变系统结构的情况下，通过修改 MCPC 雷达信号的频率加权可以完全补偿 DAC 频率响应的作用，操作简单，易于工程实现。

2.4.4 直流偏移影响分析

出于成本和体积的考虑，零中频结构在无线探测和通信系统中得到广泛应用。但在零中频结构下信号会受到直流偏移（DC offset）的影响。图 2.9 为 MCPC 雷达信号受 DC offset 影响示意图。DC offset 会破坏 MCPC 雷达信号零频附近的载波信号，零频附近的载波信息的丢失将进一步破坏 MCPC 信号的正交性，导致相关特性的变化。在实际系统中，很难补偿或者去除 DC offset 带来的影响。

图 2.10 给出了 MCPC 雷达信号在有 DC offset（实线）影响和无 DC offset（虚线）影响情况下的自相关函数主旁瓣比较图。为了便于比较，图 2.10 引用了文献[3]中的 P3 序列，调制顺序为{4 7 2 1 8 3 6 5}，同时出于对 DC offset 的考虑，在分析过程中，去除了零频周围两个载波所携带的信息。由图 2.10 可以发现，由于零频附近载波信息的丢失，MCPC 雷达信号自相关函数的旁瓣高度由−14.66dB 提升到−6.077dB。

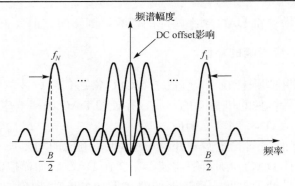

图 2.9　DC offset 影响示意图

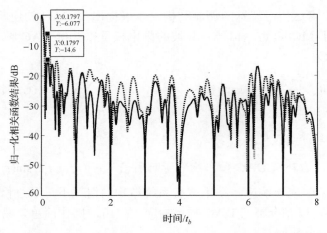

图 2.10　MCPC 雷达信号在有（虚线）、无（实线）直流偏置影响情况下的归一化相关结果

2.5　改进型 MCPC 雷达信号设计

2.4 节通过采用过采样技术解决了 MCPC 雷达信号载波数较少情况下，时域采样点数过少和信号镜像难以滤除的问题，并使得 DAC 频率响应的影响得到缓解。但是过采样技术降低了 MCPC 雷达信号的距离分辨力，并使得载波间隔变小。与此同时，过采样技术不能解决零中频结构下的 DC offset 带来的影响。为此，本节在过采样技术的基础上提出了改进型 MCPC 雷达信号产生方式。

2.5.1　改进型 MCPC 雷达信号设计方案

图 2.11 和图 2.12 分别为改进型 MCPC 雷达信号产生方式和改进型 MCPC 雷达信号频谱示意图。如图 2.11 所示，改进型 MCPC 雷达信号产生方式与图 2.6 中通过

过采样方式产生MCPC雷达信号的区别在于在 IFFT 点数不变的前提下，减少了 IFFT 对应高频部分插入的 0 的数目，而在原调制序列的每个元素前插入 L 个 0。通过这种方式，可利用参数 L 实现 MCPC 雷达信号载波间隔动态和自适应变化，该方法略同于文献[17]中所讨论的前缀信号生成。通过图 2.11 的改进型 MCPC 雷达信号产生方式，MCPC 雷达信号载波间隔由 Δf 增加至 $(L+1) \cdot \Delta f$（图 2.12）。

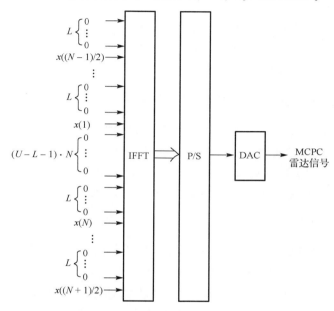

图 2.11　改进型 MCPC 雷达信号产生方式

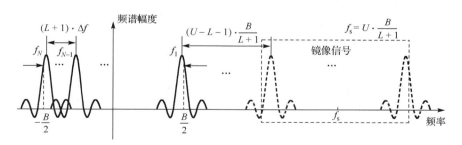

图 2.12　改进型 MCPC 雷达信号频谱示意图

区别于传统的互相关接收机，本书对于新结构的 MCPC 雷达信号，提出了改进的信号接收方法，表示为

$$M(\tau) = \left| \int_{-\infty}^{\infty} r_1(t) r_2(t+\tau)^* \mathrm{d}t \right| \tag{2.7}$$

式中

$$0 < t < M \cdot t_b \tag{2.8}$$

$$\begin{cases} r_1(t)g_{\frac{t_b}{L+1}}\left[t - \dfrac{(2n+1)t_b}{2(L+1)}\right] = r(t)g_{\frac{t_b}{L+1}}\left[t - nt_b - \dfrac{t_b}{2(L+1)}\right] \\ r_2(t)g_{\frac{t_b}{L+1}}\left[t - \dfrac{(2n+1)t_b}{2(L+1)}\right] = r(t)g_{\frac{t_b}{L+1}}\left[t - nt_b - \dfrac{3t_b}{2(L+1)}\right] \end{cases} \quad n = 0,1,2,\cdots,M-1 \tag{2.9}$$

其中，$r(t)$ 为由雷达接收到的回波信号；$r_1(t)$ 和 $r_2(t)$ 是为 $r(t)$ 实现相关运算的寄存变量，除了式 (2.8) 给出的时间周期，$r_1(t)$ 和 $r_2(t)$ 均置为 0；$g_\tau(t)$ 为矩形函数，等于 $u(t - \tau/2) - u(t + \tau/2)$，$u(t)$ 为阶跃函数。

2.5.2　改进型 MCPC 雷达信号性能分析与仿真

改进型 MCPC 雷达信号，通过改变调制序列，改变了载波间的间隔。以下分析过程讨论改进型 MCPC 雷达信号在性能方面的特征。为了便于比较，分析过程采用了与图 2.10 中一样的 MCPC 雷达信号。同时为了分析简便，分析过程中只讨论了 $L = 1$ 的情况，并假设系统采样率和 IFFT 的点数与原过采样情况下一致。

1.　多普勒分辨力分析

由于改进型 MCPC 雷达信号总的码元长度仍然为 $M \cdot t_b$，所以信号的多普勒分辨力未发生变化。图 2.13 给出了用于描述 MCPC 雷达信号的多普勒分辨力的原 MCPC 雷达信号(实线)与改进型(虚线)MCPC 雷达信号模糊函数零延迟切割比较图。如图 2.13 所示，改进型 MCPC 雷达信号的模糊函数零延迟切割图较原 MCPC 雷达信号没有发生显著变化。

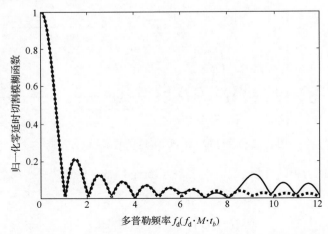

图 2.13　原 MCPC 雷达信号(实线)与改进型(虚线)MCPC 雷达信号模糊函数零延迟切割比较图

2. 信号 PMEPR 分析

改进型 MCPC 雷达信号产生方式改变了调制序列的结构，但没有改变有效调制的载波数目和所用的调制序列，所以对信号的 PMEPR 不会产生很大影响，但信号的密度会加大，同样的相位周期 t_b，会有更多的采样点(图 2.14)。图 2.14(b) 给出了原 MCPC 雷达信号与改进型 MCPC 雷达信号在第一个 t_b 时间内的实包络放大图，当 $L=1$ 的情况下，第一个 t_b 比特时间内的改进型 MCPC 雷达信号可视为原 MCPC 雷达信号的 2 倍复制。因为改进型 MCPC 雷达信号为原信号的若干倍复制，所以信号的 PMEPR 将不会发生变化。经确认计算原 MCPC 雷达信号和改进型 MCPC 雷达信号的 PMEPR 均为 2.93。

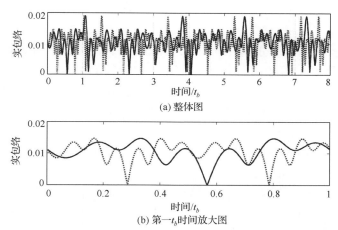

(a) 整体图

(b) 第一 t_b 时间放大图

图 2.14　原 MCPC 雷达信号(实线)和改进型 MCPC 雷达信号(虚线)实包络比较图

3. 距离分辨力分析

由于改进型 MCPC 雷达信号载波间隔由 Δf 增加至 $(L+1)\cdot\Delta f$，信号带宽也因此增加到 $L+1$ 倍。根据式(2.5)，改进型 MCPC 雷达信号的距离分辨力也较原信号增加到 $L+1$ 倍。

图 2.15 为原 MCPC 雷达信号自相关函数(实线)与 $L=1$ 情况下改进型 MCPC 雷达信号利用式(2.7)所得的检测图(虚线)。由图 2.15 可以说明在 $L=1$ 的情况下，改进型 MCPC 雷达信号采用式(2.7)检测后，主瓣宽度为原 MCPC 雷达信号自相关函数主瓣的一半，其距离分辨力提高至 2 倍，而副瓣高度并没有显著变化。

4. 多普勒容忍度分析

在一些场合，回波信号 $r(t)$ 会受到由目标运动带来的多普勒频率(f_d)的影响，在这些情况下,原信号 $r_1(t)$ 和 $r_2(t)$ 将分别变为 $r_1(t)\mathrm{e}^{\mathrm{j}2\pi f_\mathrm{d}t}$ 和 $r_2(t)\mathrm{e}^{\mathrm{j}2\pi f_\mathrm{d}\left(t-\frac{t_b}{L+1}\right)}$。信号 $r_1(t)$ 和 $r_2(t)$ 受多普勒影响的差异源于 $r_2(t)$ 在时间上的延迟(式(2.9))所带来的相位差异 $\mathrm{e}^{\mathrm{j}2\pi f_\mathrm{d}\frac{t_b}{L+1}}$,此时式(2.7)可表示为

$$M(\tau) = \left| \int_{-\infty}^{\infty} (r_1(t) \cdot \mathrm{e}^{\mathrm{j}2\pi f_\mathrm{d}t}) \left[r_2(t+\tau) \cdot \mathrm{e}^{\mathrm{j}2\pi f_\mathrm{d}\left(t+\tau-\frac{t_b}{L+1}\right)} \right]^* \mathrm{d}t \right|$$

$$= \left| \int_{-\infty}^{\infty} r_1(t) r_2(t+\tau)^* \mathrm{d}t \cdot \left| \mathrm{e}^{\mathrm{j}2\pi f_\mathrm{d}\left(\frac{t_b}{L+1}-\tau\right)} \right| \right|$$

$$= \left| \int_{-\infty}^{\infty} r_1(t) r_2(t+\tau)^* \mathrm{d}t \right| \tag{2.10}$$

式中,带有多普勒频率的分量 $\mathrm{e}^{\mathrm{j}2\pi f_\mathrm{d}\left(\frac{t_b}{L+1}-\tau\right)}$ 可以被去除,为此多普勒频率对相关结果 $M(\tau)$ 将不产生影响。图 2.16 给出了在存在多普勒效应影响下的改进型 MCPC 雷达信号利用式(2.7)检测的距离分辨力仿真图。与文献[3]中图 5 所示的模糊函数相比,图 2.16 中所示的改进型 MCPC 雷达信号的距离分辨力不会随着多普勒频率的提高而发生变化。

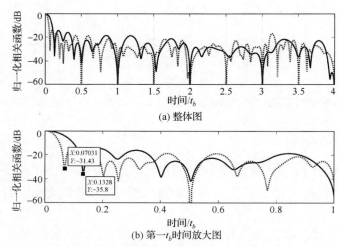

(a) 整体图

(b) 第一 t_b 时间放大图

图 2.15　原 MCPC 雷达信号自相关函数(实线)与改进型
MCPC 雷达信号利用式(2.7)所得的检测图(虚线)

5. 相邻载波的相位噪声影响分析

在文献[14]和[15]中,作者研究了 OFDM 通信系统中相邻载波间的相位噪声影响。在载波间隔较小的情况下,相邻载波间的相位噪声影响会引起载波间的干扰

（Inter Carrier Interference，ICI），这种干扰将很难去除。当载波间隔相对相位噪声带宽足够大的情况下，由相邻载波间的相位噪声所产生的影响可以被忽略[15]。

　　由于改进型 MCPC 雷达信号的有效载波间隔等于 $(L+1)/t_b$，可以通过调制参数 L 使载波间隔大于相位噪声带宽而去除相邻载波间的相位噪声所带来的影响。

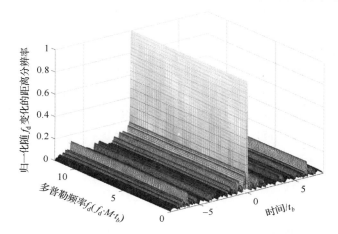

图 2.16　存在多普勒效应影响的情况下改进型 MCPC 雷达信号的距离分辨力

6. DC offset 影响分析

　　图 2.17 为改进型 MCPC 雷达信号免受 DC offset 影响的频谱示意图。由于改进型 MCPC 雷达信号在产生过程中在原 MCPC 雷达信号的载波间加入了 L 个空载波，可以利用这种特性避免在零频附近调制有效载波，所以在实际应用中，可以直接将 DC offset 阻隔，而不用担心 DC offset 影响 MCPC 雷达信号有效载波，破坏 MCPC 雷达信号的正交性。

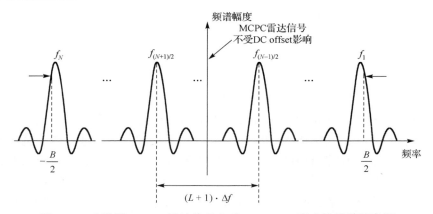

图 2.17　改进型 MCPC 雷达信号免受 DC offset 影响的频谱示意图

7. 与多载波双相位雷达比较分析

改进型 MCPC 雷达信号在距离分辨力方面的提高非常显著。图 2.18 给出了当 $L=7$ 时，改进型 MCPC 雷达信号的距离分辨力。图中仿真所用的补码调制矩阵引自文献[3]中的图 9，原 MCPC 雷达信号由 8 个 8×8 MCPC 雷达脉冲信号组成。此外，与文献[3]一样，Cosine 窗被用做频率权重来获得较好的主旁瓣比。如图 2.18 所示，当 $L=7$ 的情况下，改进型 MCPC 雷达信号的主瓣宽度为 $0.0156 \cdot t_b$，在采用频率加权后，主瓣宽度有所增加，扩大至 $0.031 \cdot t_b$。即便如此，改进型 MCPC 雷达信号相关函数的主瓣宽度与文献[5]中所讨论的具有较高脉冲压缩比的多载波双相位雷达信号一样优越。然而多载波双相位雷达信号需要 40 个载波和 120 个相位周期，而且其自相关函数的副瓣最高点比图 2.18 中的改进型 MCPC 雷达信号的自相关函数高了约 10dB。

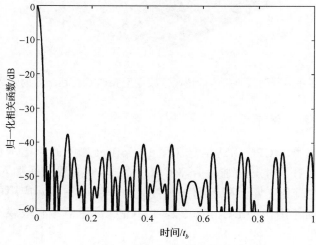

图 2.18　当 $L=7$ 时，改进型 MCPC 雷达信号的距离分辨力

2.6　小　　结

本章从系统处理时间、探测多普勒容忍度、相位噪声影响等角度综合分析了 MCPC 雷达信号在提高距离分辨力和多普勒分辨力过程中遇到的矛盾的参数设置问题。将过采样技术应用于生成 MCPC 雷达信号，不仅解决了载波数较少情况下自相关函数失真问题和缓解了 DAC 频率响应的调制作用，而且加大了信号与其镜像的频率间隔，使镜像信号易于滤除。结合过采样技术提出了改进型 MCPC 雷达信号生成方法。分析和仿真结果表明改进型 MCPC 雷达信号具有不变的多普勒分辨力和信号 PMEPR、提高的距离分辨力和多普勒容忍度，以及更高的载波间相位噪声互干

扰免疫力的特点。改进型 MCPC 雷达信号还解决了零中频结构下存在的直流偏移影响问题。

参 考 文 献

[1]　Gu C F, Law C L, Wu W. Improved way to generate multicarrier complementary phase-coded （MCPC）radar signal with higher resolution and immunity[J]. Chinese Journal of Electronics, 2010, 19（3）: 574-578

[2]　牟善祥. 频率步进高距离分辨力雷达的关键技术研究[D]. 南京: 南京理工大学, 2000: 4-5

[3]　Levanon N. Multicarrier radar signals[C]. Proceeding of the IEEE International Radar Conference, 2002: 707-720

[4]　Levanon N. Multifrequency complementary phase-coded radar signal[J]. IEE Proceedings-Radar, Sonar and Navigation, 2000, 147: 276-284

[5]　Sverdlik M N, Levanon N. Family of multicarrier bi-phase radar signals represented by ternary arrays[J]. IEEE Transactions on Aerospace and Electronic Systems, 2006, 42（3）: 933-952

[6]　Levanon N, Mozeson E. Multicarrier radar signals-pulse train and CW[J]. IEEE Transactions on Aerospace and Electronic Systems, 2002,38（2）: 707-720

[7]　Levanon N, Mozeson E. Radar Signals[M]. New York: Wiley, 2004: 327-371

[8]　顾村锋, 缪晨, 侯志, 等. 多载波补偿相位编码雷达信号的子载波加权优化[J]. 探测与控制学报, 2008, 30（4）: 56-60

[9]　梁萧. 多载波相位编码雷达的研究[D]. 哈尔滨: 哈尔滨工业大学, 2006

[10]　顾陈, 张劲东, 朱晓华. 基于 OFDM 的多载波调制雷达系统信号处理及检测[J]. 电子与信息学报, 31（6）, 2009: 1298-1300

[11]　Franken G E A, Nikookar H, van Genderen P. Doppler tolerance of OFDM-coded radar signals[C]. Proceedings of the 3rd European Radar Conference, Manchester, 2006: 108-111

[12]　Garmatyuk D, Schuerger J, Morton Y T, et al. Feasibility study of a multi-carrier dual-use imaging radar and communication system[C]. European Radar Conference, Munich, 2007: 194-197

[13]　陈永光, 李修和, 沈阳. 组网雷达作战能力分析与评估[M]. 北京: 国防工业出版社, 2006: 5-6

[14]　Armada A G, Calvo M. Phase noise and sub-carrier spacing effects on the performance of an OFDM communication system[J]. IEEE Communications Letters, 1998, 2（1）: 11-13

[15]　Engels M. Wireless OFDM Systems: How to Make Them Work?[M]. Boston: Kluwer Academic Publishers, 2002: 132-133

[16]　Maxim I C. Application Note 3853[R]. Maxim Integrated Products, 2006

[17]　Yan Y X, Tomisawa M, Gong Y, et al. Joint timing and frequency synchronization for IEEE 802.16 OFDM systems[J]. Mobile WiMAX Symposium of IEEE, 2007: 17-21

第3章 同时极化频率捷变 MCPC 雷达系统

3.1 概　　述

在复杂的探测环境下，将会有诸多杂波、干扰进入探测器，如导引头接收机。同时如抗群目标和拖曳式干扰，以及目标关键部位精确打击等的需求，传统的窄带脉冲多普勒等体制已不能完全胜任，而诸多宽带探测技术各有各的特点，寻找适用于复杂探测环境的探测体制是研究重点，而对应制导体制下的关键技术研究又将是重中之重。

与此同时，除了从目标识别的角度考虑外，面对越来越复杂的电磁环境，极化作为频率、幅度、相位以外，是描述电磁波矢量性的又一重要信息，是探测系统可利用的重要手段。因此，很多雷达与探测领域的专家认为，最有希望解决探测中遇到的目标识别和抗干扰的研究方向是将全极化技术和高分辨率技术加以综合。而如何将极化技术和宽带探测技术综合又将是一个重要的研究方向[1-9]。

目前极化探测主要向着同时极化探测体制和宽带极化体制的方向发展。在同时极化探测领域，较传统的利用增加 m 序列码元长度的方式提高信号 PSL 和 I 来同时测量目标的散射矩阵[3,8]的方式，$N \times N$ 的 MCPC 雷达信号脉冲可以有 $N!$ 个互相正交的补码序列组合，每个 MCPC 雷达信号又可以通过优化载波权重来同时实现对 PSL 和 I 的性能要求。

为此，本章利用 MCPC 雷达信号实现目标散射矩阵同时测量技术，并结合频率捷变技术实现同时极化频率捷变 MCPC 雷达系统，设计同时极化频率捷变 MCPC 雷达信号波形，并研制频率捷变频率合成器。理论和仿真分析 MCPC 雷达信号用于实现散射矩阵同时测量技术的可行性、频率捷变对系统性能的改善，以及散射矩阵同时测量技术和频率捷变技术所带来的 MCPC 雷达系统抗干扰能力的提高。

3.2 同时极化频率捷变 MCPC 雷达基本原理

3.2.1 同时极化雷达基本原理

目标不同的物理特性对电磁波的调制作用可表现为幅度、相位、频率以及极化等方面的差异。多极化雷达可以从极化域获得目标散射电磁波更多的矢量信息，有助于目标的检测和识别。与此同时，通过极化技术，可以区分目标回波与干扰信号在极化域信息的差异，有效提取目标信息，抑制或排除干扰，增强雷达的抗干扰能力[1]。近年来，国内外都对极化信息的获取和处理技术展开了深入研究，极化技术在雷达领域的应用也十分广泛，如德国应用科学研究会/无线电和数学研究会（FGAN/FFM）的 AER 机载 X 波段极化 SAR 雷达，荷兰空间计划局（NIVR）的 PHARUS 机载 C 波段相控阵极化 SAR 雷达等[3]。

极化雷达在发展历程中所应用的体制主要有单极化发射、全极化接收[10,11]，分时极化[3,12,13]和同时极化三种[3-6]。较单极化发射-全极化接收和分时极化探测而言，同时极化探测体制将包含多种极化的编码信号同时发射，在接收端利用编码信号间的非相关性提取每个极化下回波信息。由于各个极化的信号同时发射，该体制舍去了极化切换器件，也不会引入分时极化探测体制下遇到的因目标运动速度变化带来的前后探测信号相位差的问题。同时极化探测体制下要求编码信号具有较高的 PSL 和 I。PSL 和 I 分别定义为

$$PSL = \min_{\tau \notin \Omega_i} 20 \lg \left| \frac{R_{ii}(0)}{R_{ii}(\tau)} \right|, \quad i = 1, 2, \cdots, P \tag{3.1}$$

$$I = \min_{\forall \tau, i \neq j} 20 \lg \left| \frac{R_{ij}(0)}{R_{ij}(\tau)} \right|, \quad i, j = 1, 2, \cdots, P \tag{3.2}$$

式中，i 和 j 对应了不同极化的编码信号；P 为不同极化的编码信号数目；Ω_i 为第 i 个编码信号自相关函数的主瓣区域；$R_{ii}(t)$ 和 $R_{ij}(t)$ 分别为第 i 个编码信号自相关函数和第 i 个与第 j 个编码信号的互相关函数。

传统的编码方式问题在于很难使信号同时具有较高的 PSL 和 I，能够满足要求的码元组合也较少。在实现过程中，还需要通过增加码元长度的方式提高信号 PSL 和 I，增加了系统处理时间，同时为了避免距离模糊问题，要求具有较窄的码元宽度。针对同时极化探测体制的优势和在实现中遇到的问题，本章研究利用 MCPC 雷达信号实现同时极化目标探测。

3.2.2　频率捷变 MCPC 雷达基本原理

频率捷变雷达是在雷达发射信号脉冲间引入频率捷变，以提高信号发射带宽，增加雷达的距离分辨力。19 世纪 60 年代频率捷变雷达已有理论研究成果[14-20]，但当时由于频率捷变频率合成器研制难度较大，限制了其应用。频率捷变雷达的优点在于信号发射和接收同时频率捷变，这使接收机在瞬时带宽不变的情况下，增加了发射信号的整体带宽。频率捷变雷达的缺点在于需要一定的脉冲积累才能实现探测，处理时间较长，而且存在距离-多普勒耦合效应。

MCPC 雷达信号距离分辨力决定于信号带宽（如式(2.5)所示），而通过 IFFT 方式产生的 MCPC 雷达信号，其信号带宽受限于数字信号电路的最高采样率，为此本书将频率捷变技术应用于 MCPC 雷达系统。

图 3.1 为 MCPC 雷达信号脉冲间引入线性频率捷变的示意图，图中 T_r 为脉冲间

隔。将频率捷变技术与 MCPC 雷达技术结合，在不增加 MCPC 雷达信号瞬时带宽和载波数的情况下，增加了 MCPC 雷达信号的整体带宽，从而提高了探测系统的距离分辨力。由于 MCPC 雷达信号的模糊函数呈图钉型，频率捷变 MCPC 雷达信号不存在频率捷变雷达体制下的距离-多普勒耦合问题。此外，由于 MCPC 脉冲信号已为多载波信号，频率捷变 MCPC 雷达信号的频率捷变数目因此减少，与原频率捷变雷达系统相比降低了脉冲积累时间。

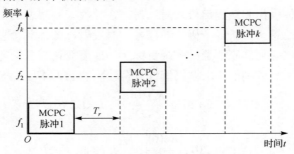

图 3.1　MCPC 雷达信号线性频率捷变示意图

3.3　同时极化频率捷变 MCPC 雷达系统设计

3.3.1　系统结构

本书设计的同时极化频率捷变 MCPC 雷达系统结构图如图 3.2 所示，系统主要由 MCPC 雷达信号发生器，正交调制、解调器，频率合成器，雷达信号处理器，功率放大器，低噪声放大器，收发开关，正交极化天线，ADC 和中央控制器等部分组成。其中，MCPC 雷达信号发生器包含了同时极化 MCPC 信号发生器和 MCPC 信号低 PMEPR 设计两部分，用以产生同时极化 MCPC 雷达信号的同时，降低信号 PMEPR。频率合成器在中央控制器的控制下为正交解调和调制器提供频率捷变本振信号，用以实现发射信号频率捷变。雷达信号处理器又包括 MCPC 雷达信号分析、干扰信号特征提取、MCPC 雷达信号功率放大器非线性效应补偿 3 个功能模块，在实现 MCPC 雷达信号功率放大器非线性效应补偿的基础上，实现 MCPC 雷达信号成像。此外，雷达信号处理器还将完成接收信号中干扰信号类型识别，计算接收信号的信杂比以此分析 MCPC 雷达的探测性能，用以自适应调整探测器工作极化类型和完成频率捷变参数设置。

图 3.3 为 MCPC 雷达信号发生器内部结构框图。MCPC 雷达信号发生器内部包含了多个极化的 MCPC 雷达信号产生模块，每个极化的 MCPC 雷达信号通过中央控制器控制补码矩阵的相位调制和幅度调制来完成 MCPC 雷达信号的低 PMEPR 设计和设定信号极化类型，再由 IFFT 完成信号产生，最后通过并转串转换输出 I、Q 两路同时极化 MCPC 雷达数字信号波形，再经 DAC 获得输出信号。

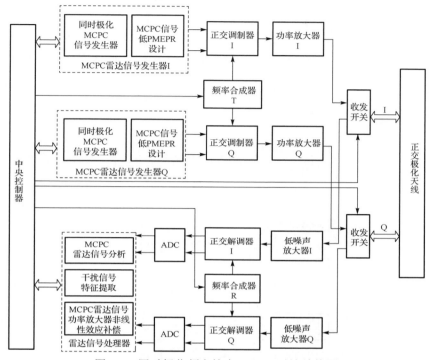

图 3.2 同时极化频率捷变 MCPC 雷达结构图

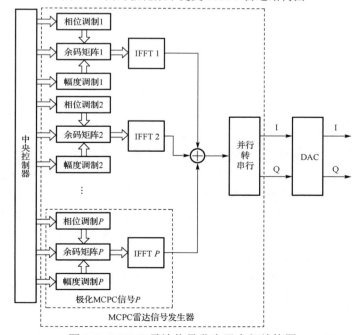

图 3.3 MCPC 雷达信号发生器内部结构图

3.3.2 系统工作流程

MCPC 雷达在中央控制器的控制下交替地工作于发射和接收状态，图 3.4 为系统工作流程图。

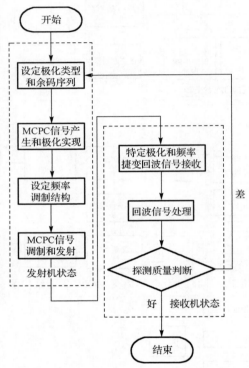

图 3.4　系统工作流程图

1. 发射机状态

在发射机状态下，中央控制器控制 MCPC 雷达信号发生器产生包含多个极化的同时极化 MCPC 雷达信号，并完成信号低 PMEPR 设计，此后再由 IFFT 完成信号产生，通过并转串转换传输至 DAC 单元完成信号输出，输出信号又经正交调制器实现频率调制和功率放大器放大，由收发接收开关送至正交极化天线发射。在信号产生和频率调制过程中，中央控制器根据接收机状态测得的目标探测性能结果、外界干扰特征和类型信息，将动态改变 MCPC 雷达信号 I、Q 两路发生器所采用的调制序列、生成信号的极化种类和频率调制器的频率捷变组合。

2. 接收机状态

在接收机状态下，收发开关将正交极化天线接收的雷达回波信号传输至低噪声放大器放大，放大后的回波信号，由正交解调器解调至低频，经 ADC 转换成数字信号后，传输至雷达信号处理器进行信号处理。雷达信号处理器利用 MCPC 雷达信号间的正交性分离各个极化的回波信号，在完成目标探测的同时，获取目标各极化状态下的信息，便于目标识别。此外，雷达信号处理器还将根据回波信号判断信号中杂波和干扰类型，获得信杂比，并将信息反馈给中央控制器，便于系统在发射机状态下适时调整极化类型和频率调制结构。

3.4　同时极化频率调制 MCPC 雷达信号波形

3.4.1　同时极化频率调制 MCPC 雷达信号波形设计

本书将多个极化的 MCPC 雷达信号组合后，同时发射，用于实现目标散射矩阵同时测量，并且在 MCPC 雷达脉冲之间，实现频率捷变。借鉴于文献[2]中的同时极化信号表达式，本书所设计的同时极化频率捷变 MCPC 雷达信号可表示为

$$X(t) = \sum_{p=1}^{P} h_p s_p(t) \tag{3.3}$$

式中

$$s_p(t) = \sum_{k=0}^{K} u_{k,p}(t) e^{j2\pi f_k t} \tag{3.4}$$

$$u_{k,p}(t) = \begin{cases} \sum_{n=1}^{N} W_{n,p,k} e^{j2\pi\left(\frac{N+1}{2}-n\right)t/t_b} \times \sum_{m=1}^{M} u_{n,m,p,k}[t-(m-1)t_b], & (k-1)(Mt_b+T_r) \le t \le Mt_b+(k-1)(Mt_b+T_r) \\ 0, & \text{其他} \end{cases}$$

$$\tag{3.5}$$

$$f_k = \frac{a_k \cdot N}{t_b} \tag{3.6}$$

其中，h_p 为第 p 个发射极化的 Jones 矢量表示形式，且 $\|h_p\| = 1^{[2]}$；$\{u_{k,p}(t)\}$ 是对应各极化下的 $N \times M$ MCPC 雷达脉冲信号[3]；$\{W_{n,p,k}\}$ 是各极化下 MCPC 雷达信号对应载波的幅度权重。文献[21]和文献[22]中，作者讨论的对载波加窗函数以对 MCPC 雷达信号自相关函数旁瓣优化的方式在本书中将会被采用；T_r 代表脉冲间隔；$\{f_k\}$ 是各个 MCPC 脉冲的调制频率；$\{a_k\}$ 是跳频序列，这个跳频序列可以采用简单的线性递增的方式，也可以为 Costas 序列。频率调制的频率跳变间隔为单个 MCPC 雷达信号脉冲带宽 N/t_b 的整数倍(如式(3.6)所示)。

3.4.2　同时极化频率调制 MCPC 雷达信号性能分析

1.　MCPC 雷达信号同时极化性能分析

本书利用 MCPC 雷达信号间的正交性,在接收状态下分离各极化下的回波信号,实现同时极化雷达。采用同时极化的探测方式,只需发射单个脉冲,即可获得目标各个极化下的信息,加快了目标识别。目标识别过程也不会存在分时极化探测中出现的由于目标速度变化引起的前后脉冲间相位差问题。同时采用同时极化技术也避免了采用铁氧体等元件实现发射极化切换,以及交叉极化引起的干扰问题[1]。

实现目标散射矩阵同时测量技术需要获得较好的 PSL 和 I,传统的编码信号,采用增加码元数的方式,增加了信号处理时间,而且要求码元宽度应足够窄,以避免距离模糊问题,而且传统的编码方式很难找到同时获得理想 PSL 和 I 的编码序列[1]。本书采用 MCPC 雷达信号实现同时极化,可通过较少的码元数来获得较高的信号 PSL,而且对于 $N×N$ 的 MCPC 雷达信号脉冲可以有 $N!$ 个互相正交的补码序列组合,每个 MCPC 雷达信号又可以通过优化载波权重 $\{W_{n,p,k}\}$ 来使得 PSL 和 I 同时满足要求。

2.　频率捷变性能分析

在文献[20]和文献[21]中,作者通过脉冲重复的方式降低 MCPC 雷达信号自相关函数在 $t_b < |t| < Mt_b$ 延时范围内旁瓣高度,但并没有提高信号的距离分辨力。对每个脉冲信号采用频率捷变调制后,MCPC 雷达信号在单次信号带宽不变的情况下,总带宽增加了 K 倍,根据式(2.5),系统带宽的增加,距离分辨力也相应增加,为此频率捷变 MCPC 雷达信号的脉冲压缩率和距离分辨力可以分别达到 NMK 和 $t_b/(NK)$。由于每个 MCPC 脉冲信号只是加入了一个频率调制分量 $\exp(j2\pi f_k t)$,载波数和码元长度都没有变化,所以信号的 PMEPR 和多普勒分辨力不受影响。

3.　波形抗干扰能力分析

MCPC 雷达系统采用同时极化技术和频率捷变技术后,可以通过单个脉冲获得目标各个极化信息的同时,增加目标探测的距离分辨力。此外,同时极化技术和频率捷变技术还分别从极化域和频域增加了 MCPC 雷达系统的抗干扰性能[22-24]。

雷达接收机接收到的干扰信号频谱密度可表示为[23]

$$J_0 = \frac{P_j G_j G_r \lambda^2 F_{pj}^2 F_j^2}{(4\pi)^2 B_j R_j^2 L_{\alpha j}} \tag{3.7}$$

式中,P_j 为干扰机功率;G_j 为干扰机雷达方向的天线增益;G_r 为雷达在干扰方向的天线增益；λ 为发射信号波长；F_{pj}^2 为干扰的极化因子；F_j^2 是由干扰机接入雷达天线的单程方向图-传播因子；B_j 为干扰信号带宽；R_j 是干扰机距离；$L_{\alpha j}$ 为大气衰减。

同时极化和频率捷变技术的采用，将逼迫干扰机增加极化类型和干扰带宽。在 P_j 一定的情况下，干扰机要实现对雷达信号极化域和频域的全面干扰，F_{pj}^2 势必会降低，B_j 将会增大，从而使 J_0 降低，干扰作用得到削弱。

雷达对自卫式有源干扰和对掩护式有源干扰的最大探测距离可分别如式 (3.8) 和式 (3.9)[22] 所示：

$$R_{ss}^2 = \left(\frac{P_t G_t \sigma B_j}{4\pi BLP_j G_j} \right) \frac{1}{\left(P_j / P_{rj} \right)}$$

$$= \left(\frac{P_t G_t \sigma}{4\pi BLJ_0 G_j} \right) \frac{1}{\left(P_j / P_{rj} \right)} \tag{3.8}$$

$$R_s^4 = \frac{R_{ss}^2 R_j^2 G_r \sigma}{G_r^0 \sigma_j} \tag{3.9}$$

式中，P_t 为雷达发射机功率；G_t 为雷达信号发射方向的天线增益；σ 为目标反射面积；P_{rj} 为雷达收到的干扰功率；B 为雷达带宽；L 为雷达系统损失系数；R_j 为干扰机距离；G_r^0 为雷达天线对着目标方向的增益；σ_j 为干扰信号反射面积。

在假设发射机和干扰机功率一定，其他条件不变的情况下，同时极化和频率捷变技术降低了干扰信号的 J_0，而频率捷变技术在增加信号总带宽的同时，没有改变系统单次发射信号的带宽 B，为此由式 (3.8) 和式 (3.9) 可以发现，同时极化和频率捷变技术使 MCPC 雷达系统的 R_{ss} 和 R_s 都得到增加。

系统在接收机状态下，雷达信号处理器还将根据回波信号判断信号中杂波和干扰类型，获得信杂比，并将信息反馈给中央控制器，便于系统在发射机状态下适时改变极化类型和频率调制结构，这又增加了干扰机跟踪干扰的难度。如果系统所采用的极化类型和频率捷变组合的变化速度快于干扰机跟踪速度，干扰机将只能通过全极化、全频段的方式实施干扰，同样假设干扰机发射功率一定的情况下，干扰信号的 J_0 将进一步降低，MCPC 雷达系统的 R_{ss} 和 R_s 进一步提高。

3.4.3　同时极化频率调制 MCPC 雷达性能仿真

1. 同时极化性能仿真

式 (3.10) 分别给出了两个基于 P3 序列 MCPC 雷达脉冲信号的归一化自相关函数和归一化互相关函数，两信号均由连续的 8 个间隔为 $32t_b$ 的 8×8 的 MCPC 脉冲组成。

$$
Seq_1 = \begin{Bmatrix} 7\ 1\ 5\ 3\ 2\ 6\ 8\ 4 \\ 2\ 8\ 4\ 6\ 1\ 5\ 3\ 7 \\ 1\ 3\ 7\ 5\ 8\ 4\ 6\ 2 \\ 8\ 6\ 2\ 4\ 3\ 7\ 5\ 1 \\ 3\ 5\ 1\ 7\ 6\ 2\ 4\ 8 \\ 6\ 4\ 8\ 2\ 5\ 1\ 7\ 3 \\ 5\ 7\ 3\ 1\ 4\ 8\ 2\ 6 \\ 4\ 2\ 6\ 8\ 7\ 3\ 1\ 5 \end{Bmatrix}, \quad Seq_2 = \begin{Bmatrix} 4\ 7\ 5\ 1\ 3\ 6\ 2\ 8 \\ 3\ 6\ 4\ 2\ 8\ 1\ 5\ 7 \\ 2\ 1\ 3\ 5\ 7\ 4\ 8\ 6 \\ 7\ 2\ 8\ 6\ 4\ 5\ 1\ 3 \\ 8\ 3\ 5\ 7\ 1\ 2\ 6\ 4 \\ 1\ 8\ 6\ 4\ 2\ 7\ 3\ 5 \\ 5\ 4\ 2\ 8\ 6\ 3\ 7\ 1 \\ 6\ 5\ 7\ 1\ 3\ 8\ 4\ 2 \end{Bmatrix}。 \tag{3.10}
$$

式中，Seq_1 对应信号 1，Seq_2 对应信号 2。两个信号都采用了通用 Cosine 窗频率加权以获得较好的自相关函数主旁瓣比。Cosine 窗的参数设置分别为：$a_0 = 0.53836$、$a_1 = -0.46164$、$\alpha = 0.5$ [21]和 $a_0 = 0.3590$ $a_1 = -0.3606$、$\alpha = 1.0951$。

如图 3.5 所示，两个 MCPC 信号的 PSL 均优于 28dB，I 优于 23dB。要达到同样的 PSL 和 I，用传统的 m 序列调制需要的码长将达到 511 位[1]。

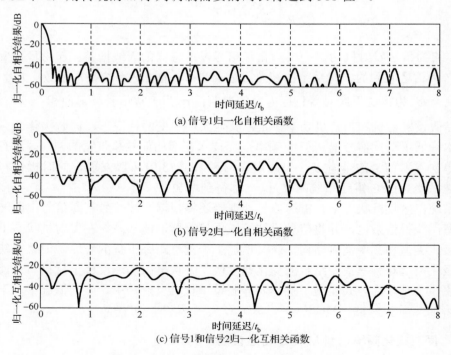

(a) 信号 1 归一化自相关函数

(b) 信号 2 归一化自相关函数

(c) 信号 1 和信号 2 归一化互相关函数

图 3.5　MCPC 雷达信号 PSL 与 I 性能仿真

2. 频率捷变性能仿真

本节采用了文献[21]中图 8 所使用的 P3 序列和对应的调制顺序来分析比较频率

捷变带来的性能改善。图 3.6 为对应 MCPC 雷达信号未引入频率捷变、引入频率捷变后的自相关函数比较图。采用频率捷变后，MCPC 信号的自相关函数主瓣宽度由 $0.125 \cdot t_b$ 降低至 $0.0156 \cdot t_b$。图 3.7 为通过优化各载波频率权重降低相关函数第一单位时间 t_b 内旁瓣高度的效果仿真图。经过优化后，第一单位时间 t_b 内相关函数旁瓣归一化最大高度降至 −25dB 以下，同时由于载波权重的调制作用，主瓣宽度略展宽至 $0.02734 \cdot t_b$。

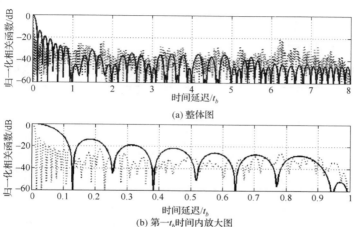

图 3.6　MCPC 脉冲串引入频率捷变(虚线)和未引入频率捷变(实线)情况下的自相关函数

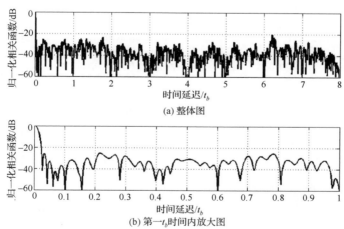

图 3.7　MCPC 脉冲串自相关函数优化结果图

　　由图 3.6 和图 3.7 可以发现，8 个 8×8 MCPC 雷达脉冲信号，在采用了频率捷变技术以后，MCPC 雷达信号的脉冲压缩比和距离分辨力与原信号相比都提高了 8 倍，分别为 512 和 $t_b/64$。虽然优化频率权重后，主瓣宽度略有增加，但是其距离自相关函数性能与文献[23]中所讨论的具有较高脉冲压缩比的多载波双相位雷达信号一样优越。

3. 抗干扰性能仿真

表 3.1 和表 3.2 分别给出了在雷达发射机和干扰机功率一定，雷达系统和干扰机其他参数不变的情况下，同时极化的极化个数和频率捷变的脉冲个数所引起的干扰机 J_0 的变化，以及雷达 R_{ss} 和 R_s 的变化。如表 3.1 和表 3.2 所示，随着同时极化数和频率捷变脉冲数的增多，干扰机的 J_0 不断减少，雷达系统的 R_{ss} 和 R_s 将不断加大。以同时极化数和频率捷变数均为 2 的情况为例，J_0 将降低 6.02dB，而系统的 R_{ss} 和 R_s 分别增加了 2 倍和 1.414 倍。

表 3.1　干扰机功率一定时，J_0 随同时极化个数和频率捷变脉冲数的变化　　（单位：dB）

同时极化个数	频率捷变脉冲数			
	1	2	3	4
1	0	−3.01	−4.77	−6.02
2	−3.01	−6.02	−7.78	−9.03
3	−4.77	−7.78	−9.54	−10.79
4	−6.02	−9.03	−10.79	−12.04

表 3.2　$R_{ss}(R_s)$ 随同时极化个数和频率捷变脉冲数的变化

同时极化个数	频率捷变脉冲数			
	1	2	3	4
1	1(1)	1.414(1.19)	1.732(1.32)	2(1.414)
2	1.414(1.19)	2(1.414)	2.45(1.57)	2.82(1.68)
3	1.732(1.32)	2.45(1.57)	3(1.73)	3.46(1.86)
4	2(1.414)	2.82(1.68)	3.46(1.86)	4(2)

3.5　频率捷变频率合成器的研制

3.5.1　方案选择分析

快速频率捷变频率合成器是实现同时极化频率捷变 MCPC 雷达系统频率捷变的关键部件。目前工程中常用的频率合成器有锁相环（Phase Locked Loop，PLL）[25-27] 频率合成器和直接数字频率合成器（Direct Digital Frequency Synthesizer，DDS）[28,29] 两种。

如图 3.8 所示为 DDS 的原理框图，包含了参考信号、频率累加器、相位累加器、相位控制器、相位幅度转换器、幅度调制和 DAC 等几个主要功能模块。参考信号经频率累加器和相位累加器后，由相位幅度转器将相位累加器输出的相位信息转换为数字的幅度信息，最后由 DAC 将数字的幅度信息转换为模拟信号输出。DDS 通过控制频率累加器和相位控制器来调整输出信号的频率和相位。DDS 具有频率捷变速度快、频率分辨力高的特点，但由于受制于数字电路的时钟速度，DDS 输出信号频率较低、频率捷变带宽较窄。以 Analog Device 公司输出信号频率最高的 DDS 芯片 AD9858 为例，其频率捷变速度可以达到 ns 级，频率分辨力为参考信号频率的 $1/2^{32}$，但其最高输出频率仅为 400MHz，捷变带宽将小于 400MHz。此外，由于相位截断误差和幅度截断误差的影响，DDS 输出信号中存在较大的杂散[30]，而且在频率捷变情况下，杂散很难滤除。

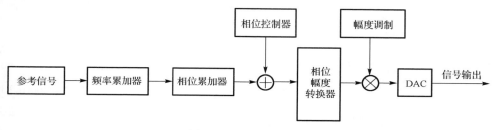

图 3.8　DDS 原理框图

如图 3.9 所示为 PLL 频率合成器的原理框图。PLL 频率合成器由控制器，参考信号，倍频/分频器，鉴频/鉴相器，环路滤波器，压控振荡器（Voltage-controlled Oscillator，VCO）和射频分频器组成。在控制器的控制下，首先参考信号由倍频/分频器完成倍频或分频操作；其次倍频/分频器的输出信号与来射频分频器分频的信号共同通过鉴频/鉴相器完成鉴频和鉴相操作；最后鉴频/鉴相器的输出信号通过环路滤波器滤波后控制 VCO 信号输出，使倍频/分频器和射频分频器两路输出信号的相位误差减小，直至环路锁定。PLL 频率合成器可通过动态改变射频分频器分频比来实现频率捷变，其优点在于输出信号频率可以高达几十 GHz，捷变带宽也可以达到 GHz 级，远宽于 DDS 的百 MHz 级，杂散的影响也基本可以忽略；其缺点在于频率分辨力较低（如整数 PLL 的频率分辨力为鉴频/鉴相器的鉴相频率），频率捷变速度慢于 DDS（通常为 μs 级）。

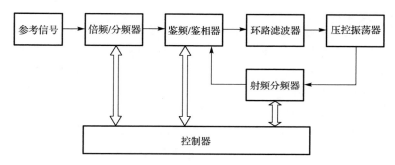

图 3.9　PLL 频率合成器原理框图

在实际应用中，会通过对 DDS 输出信号倍频[28]和 DDS 与 PLL 组合[29]的方式，增加输出信号频率捷变带宽的同时，又能获得较高的频率捷变速率。然而这些方法都不能解决 DDS 信号输出中较高的杂散问题，而且随着对 DDS 信号倍频的倍数的增加，杂散的能量也会相应加大。

而由 3.4.1 节的分析可知频率捷变 MCPC 雷达的距离分辨力 ΔR 和频率捷变间隔 Δf_{step} 间的关系可表示为

$$\Delta R = \frac{t_b}{M \cdot N} c \tag{3.11}$$

$$\Delta f_{\text{step}} = \frac{N}{t_b} \tag{3.12}$$

式中，c 为光速。由式 (3.11) 和式 (3.12) 可得

$$\Delta f_{\text{step}} = \frac{c}{M \cdot \Delta R} \tag{3.13}$$

由式 (3.13) 可知，频率捷变间隔 Δf_{step} 的参数设置主要与 MCPC 雷达信号脉冲个数 M 和探测器距离分辨力 ΔR 有关。在距离分辨力一定的情况下，为了缩短 MCPC 雷达信号处理时间，脉冲个数设置不易过大，故频率间隔的设置不宜太小。例如，当脉冲个数 $M = 64$，距离分辨力为 $\Delta R = 1\text{m}$ 时，$\Delta f_{\text{step}} = 4.69\text{MHz}$，所以频率捷变 MCPC 雷达对频率捷变频率合成器的频率分辨力的要求并不高。

与此同时，由式 (3.13) 又可得频率捷变的总带宽为

$$B = M \cdot \Delta f_{\text{step}} = \frac{c}{\Delta R} \tag{3.14}$$

从式 (3.14) 可以发现，距离分辨力决定了频率捷变频率合成器的频率捷变带宽。随着探测器对距离分辨力要求的提高，频率捷变带宽将很大，如果采用 DDS 倍频的方式，系统将很难处理随之带来的杂散问题。出于对频率间隔和杂散的考虑，在本探测系统频率捷变频率合成器的研制过程中，采用了动态改变锁相环射频分频器分配比的方法。

3.5.2 方案具体实现

在本系统频率捷变频率合成器研制过程中，图 3.9 中的倍频/分频器，鉴频/鉴相器，射频分频器三个功能模块采用了 Analog Device 公司的锁相环芯片 ADF4153[31]；VCO 采用了 Z-COMM 公司的 V585ME30 芯片；环路滤波器由 Analog Device 公司的超低噪声运算放大器 AD797[32]组建有源滤波器而成；控制器部分采用了 Altera 公司的 FPGA 芯片 EP1C3T144C8[33]；参考信号为 100MHz 晶振信号。

其中，锁相环芯片 ADF4153 最高工作频率为 4GHz，最高鉴相频率 32MHz，归一化噪声基底为 –217dBc/Hz，可通过三线串行口对倍频/分频器，鉴频/鉴相器和射

频分频器实现控制，并有锁相指示功能；VCO 芯片 V585ME30 振荡频率范围为 800M～1.6GHz，相噪为 –101@10kHz，二阶谐波抑制为 –5dB，电压控制范围为 1～21V，调制灵敏度为 60MHz/V；超低噪声运算放大器 AD797 输入电压噪声典型值为 $(0.9nV)^2$/Hz@1kHz，8MHz 带宽（当 $G=10$ 时），供电电压为 ±15V；控制芯片 EP1C3T144C8 逻辑单元总数为 2910，可用管脚数为 104，存储器容量为 60KB。

　　为了提高 VCO 的控制电压，采用了有源滤波器的环路滤波器结构，在对鉴频/鉴相器输出信号滤波的同时，起到放大作用，其结构如图 3.10 所示。

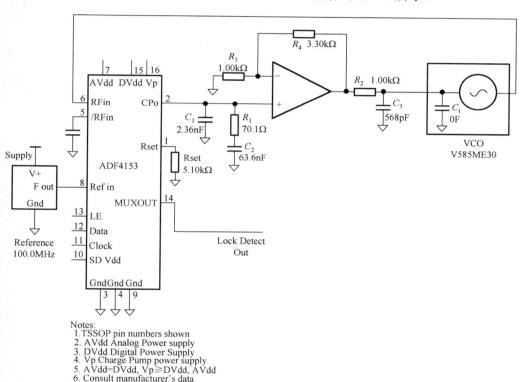

图 3.10　频率捷变频率合成器原理仿真图

　　通过采用上述芯片及环路滤波器结构，本频率捷变频率合成器在 FPGA 芯片 EP1C3T144C8 的高速控制下，可以实现约 700MHz 带宽的频率捷变（由于运算放大器输出电压的限制导致不能达到 800MHz 频率捷变带宽，具体可见文献[33]中，V585ME30 的伏压特性曲线），最大频率捷变间隔为 32MHz（频率捷变间隔受限于鉴频/鉴相器鉴相频率）。

　　图 3.10 为频率捷变频率合成器原理仿真图，仿真过程利用 Analog Device 公司

的锁相环仿真软件 ADIsimPLL3.0 实现。图 3.11 和图 3.12 分别给出了当锁相环鉴相频率为100MHz／13＝7.69MHz（100MHz 为参考信号频率，13 为倍频/分频器分频比），环路带宽为 100kHz，相位裕量（Phase Margin，PM）为 45°时，在频率点 1.08GHz 的相位噪声和杂散仿真实例。如图 3.11 所示，图 3.10 中仿真的频率合成器，整体相位噪声最高点为 −96dBc/Hz@79.1kHz，而由图 3.12 所给出的信号输出杂散仿真结果发现频率点 1.08GHz 两边基本无杂散。

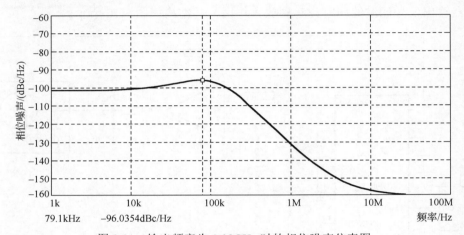

图 3.11　输出频率为 1.08GHz 时的相位噪声仿真图

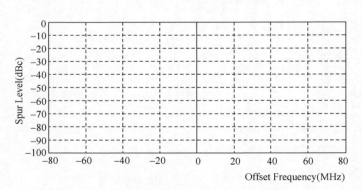

图 3.12　输出频率为 1.08GHz 时信号输出杂散仿真图

3.5.3　频率合成器实物图与实测数据

图 3.13 给出了已研制成功的频率捷变频率合成器实物图（a）和射频端内部结构图（b）。如图 3.13（b）所示，频率捷变频率合成器制作过程中，将射频部分（VCO）与 PLL 和环路滤波器隔离，以防止射频信号耦合导致 PLL 电路不稳定。

（a）外观图　　　　　　　　　　　　　　　　　（b）射频端内部结构图

图 3.13　频率捷变频率合成器实物图

所研制的频率捷变合成器采用了如图 3.14 所示的对称三角波的频率捷变方案，用来解决由频率最大点 f_k 到频率最小点 f_1 频率跨度大，捷变频时间较长的问题。此外，对频率捷变频率合成器作以下参数设置：频率捷变间隔100MHz$/13 = 7.69$MHz，频率捷变数为 $128 (k = 64)$，$f_1 = 846.15$MHz，$f_k = 1.33$GHz，频率捷变单个周期为25μs。

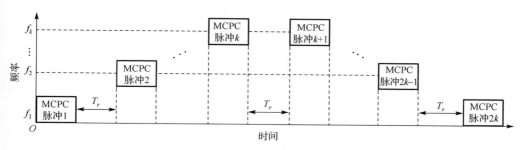

图 3.14　频率捷变示意图

在测试过程中，本书通过测试 VCO 的控制电压来获得频率捷变合成器信号输出频率变化情况和频率捷变所用时间。图 3.15 分别为利用 Tektronix 公司的 TDS1012 示波器测试所得的 VCO 的控制电压信号(a)，及其上升沿放大图(b)、下降沿放大图(c)、上升沿顶部放大图(d)和下降沿顶部放大图(e)。如图 3.15(a)所示，VCO 控制电压同图 3.14 所设置的频率捷变方式一样以对称三角的方式变化。由图 3.15(b)和(c)所测得的 VCO 控制电压上升沿放大图和下降沿放大图可以看出每两个频率间隔对应的控制电压从瞬间变化到稳定所用时间基本都在8μs 以内，即频率捷变所需时间小于8μs。图 3.16 为利用型号为 HP8563A 频谱仪测试所得频率捷变频率合成器输出信号频谱。

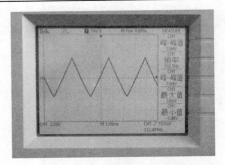

(a) VCO 控制电压信号

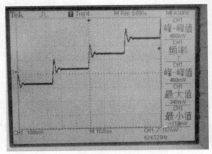

(b) 上升沿放大图

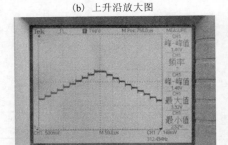

(c) 下降沿放大图

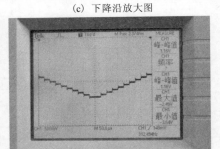

(d) 上升沿顶部放大图

(e) 下降沿底部放大图

图 3.15　VCO 控制电压信号

图 3.16　频率捷变频率合成器输出频谱图

3.6　小　　结

本章综合目标散射矩阵同时测量、频率捷变和 MCPC 雷达技术，设计了同时极化频率捷变 MCPC 雷达系统，分析了系统组成和工作流程。分析和仿真验证了 MCPC 雷达信号非常适合于同时极化技术的实现，频率捷变技术能大大提高信号距离分辨力，同时极化频率捷变 MCPC 雷达信号波形能分别从极化域和频域加强了 MCPC 雷达系统的抗干扰能力。在本章最后研制了用于实现同时极化频率捷变 MCPC 雷达快速频率捷变的频率捷变频率合成器，给出了研制实物图和实测数据。

参 考 文 献

[1]　史松伟, 沈荣, 杨革文, 等. 同时极化捷变频多载波调相雷达技术研究[J]. 现代雷达, 2011, 33(6): 8-12

[2]　庄钊文, 肖顺平, 王雪松. 雷达极化信息处理及其应用[M]. 北京: 国防工业出版社, 1999

[3]　施龙飞. 雷达极化抗干扰技术研究[D]. 长沙: 中国人民解放军国防科学技术大学, 2007: 25-40

[4]　乔晓林, 宋立众, 谢新华. 极化编码脉压雷达信号的相关检测[J]. 系统工程与电子技术, 2003, 25(5): 550-553

[5]　宋立众, 蒋明, 孟宪德, 等. 极化捷变 LFM 脉冲压缩信号的相关检测[J]. 哈尔滨商业大学学报(自然科学版), 2004, 20(6): 671-674

[6]　Giuli D, Fecheris L. Simultaneous scattering matrix measurement through signal coding[C]. IEEE International Conference, Arlington, 1990: 258-262

[7]　Cameron W L, Lenng L K. Feature motivated polarization scattering matrix decomposition[C]. IEEE International Conference on Radar, Arlington, 1990

[8]　Giuli D, Fossi M, Fecheris L. Radar target scattering matrix measurement through orthogonal signals[J]. Radar & Signal Processing IEE Proceedings-F, 1993, 140(4): 233-242

[9]　Cloude S R, Pottier E. A review of target decomposition theorems in radar polarimetry[J]. IEEE GRS, 1996, 34(2): 498-517

[10]　Ingwersen P A, Lemnios W Z. Radar for ballistic missile defense research[J]. Lincoln Laboratory Journal, 2000, 12(2): 245-266

[11]　Freeeman E C. MIT Lincoln Laboratory: Technology in the National Interest[J]. Isis, 1997

[12]　Christensen E L, Dall J. EMISAR: a dual-frequency, polarimetric airborne SAR[C]. IEEE International Symposium on Geoscience and Remote Sensing, 2002, 3: 1711-1713

[13]　Christensen E L, Skou N, Dall J. EMISAR an absolutely calibrated polarimetric L- and C-band

　　　SAR[J]. IEEE Transations on Geoscience and Remote Sensing, 1998, 36(6): 1852-1865

[14]　Rihaczek A W. Principle of High Resolution Radar[M]. New York: McGraw-Hill Professional, 1969

[15]　Ruttenberg K. High range resolution by means of pulse to pulse frequency shifting[J]. EASCON Record, 1968: 47-51

[16]　Cook C E. Matching filtering pulse compression and waveform design[J]. Radar System, 1968, 3: 124-133

[17]　Einstein T H. Generation of High Resolution Radar Range Profiles and Range Profile Autocorrelaiton Functions Using Stepped Frequency Pulse Train[R]. Lexington: Lincoln Laboratory, 1984

[18]　Huang J C. Ambiguity Function of the Stepped Frequency Radar[D]. Monterey: Naval Postgraduate School, 1994

[19]　Paulose A. High Radar Range Resolution with the Stepped Frequency Waveform[D]. Monterey: Naval Postgraduate School, 1994

[20]　Levanon N. Multifrequency complementary phase-coded radar signal[J]. IEE Proceedings-Radar, Sonar and Navigation, 2000, 147: 276-284

[21]　Levanon N. Multicarrier radar signals-pulse train and CW[J]. IEEE Transactions on Aerospace and Electronic Systems, 2002, 38(2): 707-720

[22]　张玉册. 自适应捷变频方式下雷达抗干扰性能评估[J]. 中国雷达, 2004, 1: 11-14

[23]　Sverdlik M N, Levanon N. Family of multicarrier bi-phase radar signals represented by ternary arrays[J]. IEEE Transactions on Aerospace and Electronic Systems, 2006, 42(3): 933-952

[24]　罗群, 倪嘉骊, 范国平. 雷达系统分析与建模[M]. 北京: 电子工业出版社, 2005

[25]　Banerjee D. PLL performance, simulation, and design[EB]. http://www.national.com. 2006

[26]　白居宪. 低噪声频率合成[M]. 西安: 西安交通大学出版社, 1995

[27]　Best R E. Phase-locked Loops Design, Simulation, and Applications[M]. New York: McGraw-Hill Professional, 2003

[28]　郭德淳, 杨文革, 费元春. 快速捷变频率合成器的研制[J]. 兵工学报, 2003, 24(2): 277-279

[29]　Analog Device Incorporation. AD9858 datasheet[EB]. http://www. analog. com[2009-5-27]

[30]　Z-Communications Incorporation. V585ME30 datasheet[EB]. http: //www. zcomm. com [2009-8-9]

[31]　Analog Device Incorporation. ADF4153 datasheet[EB]. http://www. analog. com[2007-5-4]

[32]　Analog Device Incorporation. AD797 datasheet[EB]. http://www. analog. com[2007-3-2]

[33]　Altera Incorporation. EP1C3T144C8 datasheet[EB]. http://www. altera. Com[2007-2-2]

第4章 MCPC 雷达信号低 PMEPR 设计
和功率放大器非线性效应补偿

4.1 概　　述

如 2.2 节所述，MCPC 雷达信号由于其多载波特性，具有较高的 PMEPR，而且信号的 PMEPR 会随着载波数目 N 的增加而增大。信号较高的 PMEPR 提高了对功率放大器线性度和 MCPC 雷达系统动态范围的要求。若能在信号产生初期就实现信号的低 PMEPR 设计，则在降低功率放大器的线性度和系统动态范围的要求的同时，也减少了系统器件对信号的影响。

降低 MCPC 雷达信号 PMEPR 最直接的方法是在数字域直接强制限幅 (clipping)[1-4]。在文献[1]中，Levanon 提出当对 MCPC 雷达信号强制限幅时，对信号自相关函数的主旁瓣的影响不是很显著。本章 4.2.1 节通过仿真分析发现强制限幅作用对 MCPC 一维距离成像的影响是不可忽略的。

书中 1.4.1 节详细阐述了通信领域和雷达领域降低信号 PMEPR 的多种方法各自的特点，包括了载波保留发射、载波插入、选择映射、部分序列传输、相位连续循环转移调制等[5,6]，这些方法或者需要改变 MCPC 雷达信号结构，破坏其正交性，或者实现复杂，不适用于 MCPC 雷达系统实现，为此，本章 4.2.2 节通过优化载波权重因子 $\{W_{n,k}\}$ 来实现信号低 PMPER 和低自相关函数旁瓣双重设计。

然而，低 PMEPR 设计无法改变 MCPC 雷达信号的非恒常数包络特性，在实际应用中，通常会使功率放大器工作在一定的饱和区，以提高功率放大器的效率和信号的发射功率，但会导致 MCPC 雷达信号的幅度和相位失真。为此 1.4.1 节比较了前馈型、射频预失真、模拟预失真和数字预失真等几种[7,8]功率放大器非线性效应补偿方法的特点，4.4 节又利用 MCPC 的信号特点和回波信号自相关方法分离非线性与多普勒效应，在补偿非线性效应的同时，使补偿过程免受多普勒和噪声影响。

4.2 MCPC 雷达信号较高 PMEPR 的影响分析

4.2.1 强制限幅对 MCPC 雷达信号影响分析

MCPC 雷达信号由于多载波特性具有较高的 PMEPR，简单的处理方法可以在信号产生阶段强制限幅以减少功率放大器非线性对信号的影响。在文献[1]中，Levanon 提出强制限幅对 MCPC 雷达信号自相关函数的主旁瓣的影响不是很显著。然而 Levanon 在讨论过程中，只针对单个 MCPC 雷达脉冲信号的自相关函数作了分析。为此，本书通过仿真进一步分析了强制限幅作用对 MCPC 雷达信号一维距离成像的影响。

图 4.1 给出了 8 个 8×8 的 MCPC 雷达脉冲信号在限幅于 3.9（注：为了便于比较，书中讨论的限幅值引用自文献[1]，是相对值，故无单位）与原信号的互相关函数，并将其与原 MCPC 雷达脉冲信号的自相关函数作了比较[9]。通过比较发现由于限幅作用导致信号失真，而致使互相关函数的旁瓣明显抬升，最高处已超过 10dB。

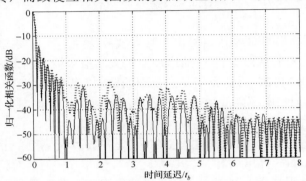

图 4.1　MCPC 脉冲串信号饱和失真前的自相关函数（实线）和饱和失真后的互相关函数（虚线）比较图

随着限幅强度加大，MCPC 雷达信号的互相关函数的主旁瓣变化更大。图 4.2 和图 4.3 又分别给出了当信号限幅于 3.5 时，单个 MCPC 脉冲和 MCPC 脉冲串失真前后的相关函数比较图。通过比较发现，由于限幅作用，单个 MCPC 脉冲自相关函数的旁瓣已有明显抬升，最大处也已超过 10dB；而对于 MCPC 脉冲串，自相关函数旁瓣的整体都有很大的抬升，已有多处超过 10dB（注：书中所用 MCPC 信号都是采用文献[1]表 I 中所给出的 P3 序列调制的，载波数为 8，单个 MCPC 脉冲的序列数为 8，调制顺序与文献[1]中图 4 相同；MCPC 脉冲串每个脉冲的序列数也为 8，脉冲间隔为 $4M \cdot t_b$，调制顺序与文献[1]中图 8 相同）。

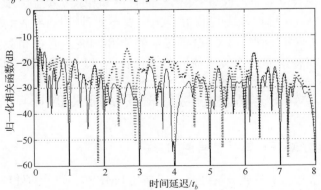

图 4.2　MCPC 单脉冲饱和失真前的自相关函数（实线）和饱和失真后的互相关函数（虚线）比较图

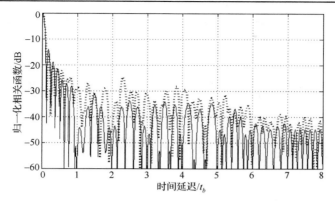

图 4.3　MCPC 脉冲串饱和失真前的自相关函数(实线)和饱和失真后的互相关函数(虚线)比较图

4.2.2　功率放大器非线性效应对 MCPC 雷达信号影响分析

为了提高效率,功率放大器通常工作于非线性区,而且信号低 PMEPR 设计仍不能完全改变 MCPC 雷达信号非恒常数包络的特性,因此 MCPC 雷达信号不可避免地受到功率放大器的非线性效应的影响。本节从 MCPC 雷达一维距离成像的角度考虑,利用功率放大器的信号输出与参考信号(注:书中所指参考信号为理想的 MCPC 雷达信号)的互相关函数分析功率放大器的非线性效应对 MCPC 雷达性能的影响。为了便于分析,首先引入信号模型,输入功率放大器的 MCPC 雷达信号可以表示为[10]

$$u_{RF}(t) = u(t)\cos[\omega_0 t + \psi(t)] \tag{4.1}$$

式中,$u(t)$ 和 $\psi(t)$ 分别表示为 MCPC 雷达基带信号的幅度和相位调制信息;ω_0 为信号载波频率。

当增大信号的输入功率,MCPC 雷达信号进入功率放大器的非线性区域后,将受到幅度失真 AM/AM 影响。此外对于行波管(TWT)等功率放大器还会引入相位失真 AM/PM。本书利用功率放大器 Saleh 非线性模型[10] 对这两种失真进行分析。Saleh 非线性模型可表示为

$$A(u) = \alpha_a u / (1 + \beta_a u^2) \tag{4.2}$$

$$\phi(u) = \alpha_\phi u^2 / (1 + \beta_\phi u^2) \tag{4.3}$$

式中,$u = \|u_{RF}(t)\|$ 为 MCPC 雷达信号包络;α_a、β_a、α_ϕ 和 β_ϕ 为模型中定义的 4 个未知参量;$A(u)$ 和 $\phi(u)$ 分别表示为功率放大器引入的幅度失真和相位失真。经过功率放大器放大后的 MCPC 雷达信号可表示为

$$u_{RF\_d}(t) = \frac{\alpha_a u}{(1 + \beta_a u^2)} \cos\left[\omega_0 t + \psi(t) + \frac{\alpha_\phi u^2}{1 + \beta_\phi u^2}\right] \tag{4.4}$$

信号 $u_{\mathrm{RF\_d}}(t)$ 由天线发射，经信道和目标反射，最后由接收机接收处理后所得的基带信号可表示为

$$u_{\mathrm{r\_d}}(t) = \frac{\alpha_a}{(1 + \beta_a u^2)} u \cos\left[\psi(t - t_{\mathrm{d}}) + \frac{\alpha_\phi u^2}{1 + \beta_\phi u^2}\right] \cdot h + n \tag{4.5}$$

式中，h 为信道响应；n 为系统和信道引入的噪声；t_{d} 为信号传播延时。由式(4.5)可知，由于功率放大器的非线性效应，MCPC 雷达信号将分别引入一个时变的幅度因子 $\alpha_a / (1 + \beta_a u^2)$ 和一个时变的相位因子 $\alpha_\phi u^2 / (1 + \beta_\phi u^2)$，且这两个因子随信号包络值 u 的变化而变化。

图 4.4 (a) 和 (b) 分别给出了 Saleh 模型在参数 α_a=1.9638、$\beta_a = 0.9945$、$\alpha_\phi = 2.5293$、$\beta_\phi = 2.8168$ 情况下的幅度响应和相位响应曲线。模型参数来自文献[10]。如图 4.5 所示为 8 个 8×8 的 MCPC 脉冲信号分别通过理想功率放大器(实线)和以峰值为 1.1(注：1.1 为相对值，无单位)通过图 4.5 中所示非线性功率放大器(虚线)的情况下，与参考信号互相关所得的主旁瓣比较图。信号采用了文献[1]图 9 中的 MCPC 雷达信号脉冲串。由图 4.5 可以发现，由于功率放大器非线性效应引入的幅度和相位调制，互相关函数的主瓣宽度(虚线)较信号通过理想功率放大器的情况下(实线)由 $0.245 \cdot t_b$ 略减至 $0.207 \cdot t_b$，但旁瓣有明显提高，峰值旁瓣由−37.86dB 提高到−29.22dB，而且主要表现在主瓣附近的第一旁瓣的抬升。通过图 4.5 的比较分析可以说明功率放大器的非线性效应对 MCPC 雷达一维距离像的影响十分明显。为此，在 4.3 节和 4.4 节将分别从降低 MCPC 雷达信号 PMEPR 和对功率放大器非线性效应进行补偿两个方面作进一步研究。

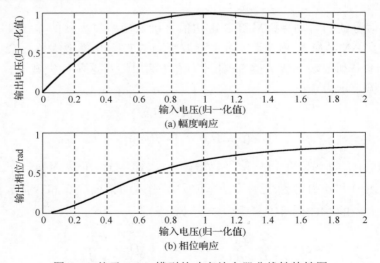

图 4.4　基于 Saleh 模型的功率放大器非线性特性图

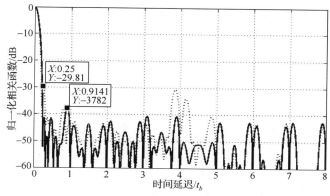

图 4.5　功率放大器在理想情况下(实线)和非线性情况下
(虚线)输出信号与参考信号的互相关函数比较图

4.3　MCPC 雷达信号低 PMEPR 和低自相关函数旁瓣设计

4.3.1　设计方法

借鉴文献[6]和文献[11]选择映射技术，本书通过优化 MCPC 雷达信号各载波权重因子 $\{W_{n,k}\}$ 来实现信号低 PMPER 和低自相关函数旁瓣设计。在优化过程中，通过对信号低 PMPER 和低自相关函数旁瓣两个设计目标设置不同的权重优化因子，以适应不同的应用需求。本书又对各载波添加一相位因子，通过优化相位因子，在不改变信号 PMEPR 的情况下，进一步降低信号自相关函数的旁瓣高度[12]。区别于部分序列传输[13-27]技术，该相位因子添加于 IFFT 前端，可包含于载波权重因子 $\{W_{n,k}\}$ 中，故无需改变 MCPC 雷达信号调制结构。

4.3.2　信号低 PMEPR 设计优化仿真分析与结论

图 4.6 和图 4.7 分别给出了当 MCPC 雷达信号的 PMEPR 和主旁瓣比的权重关系为 1∶1 时，优化文献[1]中所用的 Cosine 窗的三个参数所得的单个 MCPC 脉冲信号时域变化图和自相关函数变化图。优化采用 MATLAB7.1 优化工具箱，优化初值为 $a_0 = 0.53836$、$a_1 = -0.46164$、$\alpha = 0.5$（以下优化过程都采用这个初值，此初值取自文献[1]）。经过优化，当三个参数值分别为 $a_0 = 2.1308$、$a_1 = -1.3327$、$\alpha = 0.7316$ 时，信号 PMEPR 和主旁瓣比同时得到最优解。在优化过程中，信号的主旁瓣比的优化主要针对 $0 < |\tau| < t_b$ 时的情况，$t_b < |\tau| < Mt_b$ 范围内主旁瓣比的提高可采用文献[1]中增加 MCPC 脉冲数和载波数的方法实现，这里不作讨论。

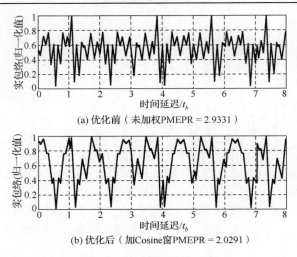

(a) 优化前（未加权PMEPR = 2.9331）

(b) 优化后（加Cosine窗PMEPR = 2.0291）

图 4.6　时域信号变化比较

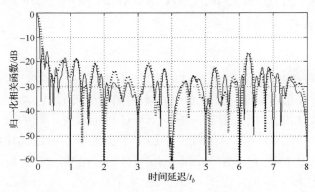

图 4.7　优化前(实线)后(虚线)的自相关函数主旁瓣变化比较

通过分析比较图 4.6 中单个 MCPC 脉冲信号优化前后的时域信号变化发现：通过优化后，MCPC 信号的 PMEPR 由 2.9331 降低到 2.0291，信号 PMEPR 为优化前的 69.2%；通过分析比较图 4.7 中单个 MCPC 脉冲信号优化前后的自相关函数变化发现：在 $0 < |\tau| < t_b$ 范围内，MCPC 信号的自相关函数旁瓣最大值已由−15dB 左右降低至−20dB 以下，主旁瓣比提高了 5dB。

在对信号 PMEPR 要求比较高的场合，可以先对 MCPC 雷达信号的 PMEPR 单独优化，再采用文献[6]给出的通过乘以 $\exp(j2\pi\lambda m / M)$ 的方式（m 为载波阶数），为每个载波上增加一个载波相位，通过优化 λ 参数来改善主旁瓣比。参数 λ 的优化过程不改变信号的 PMEPR。

图 4.8 是通过优化 Cosine 窗的三个参数，单独优化 MCPC 信号的 PMEPR 所得到的单个 MCPC 脉冲信号的时域变化图。图 4.9 是在优化 PMEPR 的基础上，优化

载波相位参数 λ 所得到的信号自相关函数与原自相关函数比较图（参数 λ 的优化初值为 1，以下优化过程中，参数 λ 都采用这个初值）。经过上述两次优化后，当 Cosine 窗的三个参数值分别为 $a_0 = 0.8456$、$a_1 = -0.9153$、$\alpha = 0.0639$，载波相位参数 λ 的值为 0.5992 时，单个 MCPC 雷达脉冲信号的 PMEPR 和主旁瓣比达到最优解。

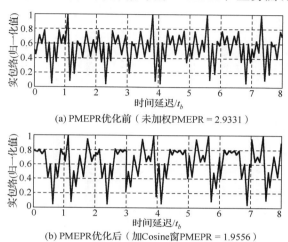

(a) PMEPR优化前（未加权PMEPR = 2.9331）

(b) PMEPR优化后（加Cosine窗PMEPR = 1.9556）

图 4.8　单独优化 PMEPR 前后的信号时域变化比较

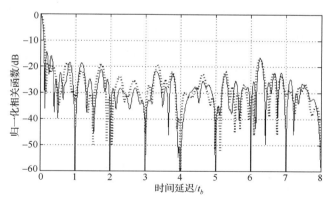

图 4.9　优化前(实线)后(虚线)的自相关函数主旁瓣变化比较

经分析比较图 4.8 中单个 MCPC 雷达脉冲信号优化前后的时域信号变化发现：利用 Cosine 窗对信号的 PMEPR 单独优化后，信号 PMEPR 值由 2.9331 降至 1.9556，为优化前的 66.7%；通过分析比较图 4.9 中单个 MCPC 脉冲信号优化前后的自相关函数变化发现：在优化信号 PMEPR 的基础上，单独优化参数 λ 可以使 MCPC 信号自相关函数在 $0 < |\tau| < t_b$ 范围内的旁瓣最大值由优化前的 -15dB 左右降低至优化后的 -18dB 左右，主旁瓣比提高 3dB。

　　图 4.10 和图 4.11 分别给出了当 PMEPR 和主旁瓣比的权重关系为 1∶1 时，优化 Cosine 窗的三个参数所得的 MCPC 脉冲串信号时域变化图和自相关函数变化图。经过优化，当三个参数值分别为 $a_0 = 0.5733$、$a_1 = -0.4955$、$\alpha = 0.4675$ 时信号的 PMEPR 和主旁瓣比同时得到最优解。

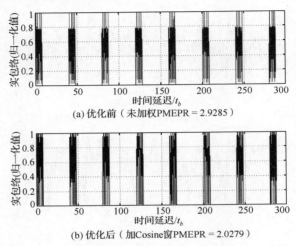

(a) 优化前（未加权PMEPR = 2.9285）

(b) 优化后（加Cosine窗PMEPR = 2.0279）

图 4.10　MCPC 脉冲串优化前后时域信号变化比较

　　通过分析比较图 4.10 中 MCPC 雷达脉冲串信号优化前后的时域信号变化发现：利用 Cosine 窗对 MCPC 脉冲串信号的 PMEPR 和自相关函数同时优化后，信号 PMEPR 值由 2.9285 降至 2.0279，降至优化前的 69.3%；通过分析比较图 4.11 中 MCPC 脉冲串信号优化前后的自相关函数变化发现：经过优化后，MCPC 脉冲串信号的自相关函数的旁瓣整体都有所下降，在 $0 < |\tau| < t_b$ 范围内的旁瓣最大值由优化前的 −15dB 左右降低至优化后的−38dB 左右，主旁瓣比提高 23dB。

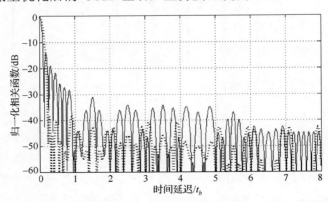

图 4.11　MCPC 脉冲串优化前(实线)后(虚线)的自相关函数主旁瓣变化比较

　　图 4.12 是通过优化 Cosine 窗的三个参数，单独优化信号的 PMEPR 所得到的 MCPC 脉冲串信号的时域变化图。图 4.13 是在优化 PMEPR 的基础上，优化载波相位参数 λ 所得到的信号自相关函数与原自相关函数比较图。经过上述两次优化后，当 Cosine 窗的三个参数值分别为 $a_0 = 0.8444$、$a_1 = -0.9140$、$\alpha = 0.0647$，载波相位参数 λ 的值为 0.4587 时，MCPC 脉冲串信号的 PMEPR 和主旁瓣比达到最优解。

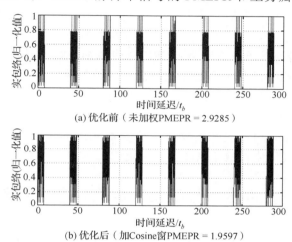

(a) 优化前（未加权 PMEPR = 2.9285）

(b) 优化后（加 Cosine 窗 PMEPR = 1.9597）

图 4.12　单独优化 PMEPR 前后的信号时域变化比较

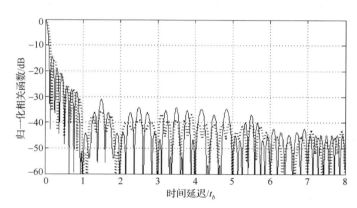

图 4.13　MCPC 脉冲串优化前(实线)后(虚线)的自相关函数主旁瓣变化比较

　　通过分析比较图 4.12 中 MCPC 脉冲信号优化前后的时域信号变化发现：利用 Cosine 窗对 MCPC 脉冲串信号的 PMEPR 单独优化后，信号 PMEPR 值由 2.9285 降至 1.9597，降至优化前的 66.9%；通过分析比较图 4.13 中 MCPC 脉冲串信号优化前后的自相关函数变化发现：在优化信号 PMEPR 的基础上，单独优化参数 λ 可以使 MCPC 脉冲串信号自相关函数的旁瓣有所下降，最优处可达–5dB。

　　与此同时，综合比较单个 MCPC 脉冲情况下的优化结果(图 4.6～图 4.9)，以及 MCPC 脉冲串情况下的优化结果(图 4.10～图 4.13)，可以发现两种情况下，当优化侧重点不同时，对信号 PMEPR 的降低程度和对自相关函数的主旁瓣变化的影响会有较大不同，特别是在 MCPC 脉冲串的情况下，对 PMEPR 进行单独优化，较 PMEPR 与信号的主旁瓣采用 1∶1 的优化过程，PMEPR 会有 0.0682 的改善，但是自相关函数的旁瓣将会抬升 18dB 左右，为此在实际应用中，需要根据应用的侧重点不同作出取舍。

　　上述优化过程表明：通过给单个 MCPC 脉冲和 MCPC 脉冲串信号的载波加权可以在不影响信号自相关函数主旁瓣比的情况下，较好地降低信号的 PMEPR，并在一定程度上使得信号自相关函数的主旁瓣比得到改善。在实际应用中，可根据不同需求，采用权和法，对 PMEPR 和主旁瓣比两参数同时进行优化。在对信号的 PMEPR 要求比较高的情况下，可以先利用权函数对 PMEPR 单独优化，然后增加一个载波相位 $2\pi\lambda n/N$，通过优化参数 λ 来改善主旁瓣比。

4.4　MCPC 雷达信号的功率放大器非线性效应补偿

　　4.3 节虽然给出了降低 MCPC 雷达信号 PMEPR 的优化设计方法，但不能完全改变 MCPC 雷达信号非恒包络特性，为了提高功率放大器的效率，MCPC 雷达信号不可避免受到功率放大器非线性效应的影响，为此本章将研究如何补偿功率放大器非线性效应[26]。

4.4.1　功率放大器非线性补偿方法分析

　　功率放大器的非线性补偿主要分为前馈型[27]、射频预失真[28]、模拟预失真[28,29] 和数字预失真[7,8]几种。在诸多补偿方法中，从效果、成本和适用范围等角度考虑，数字预失真的方法应用最为广泛，而数字预失真的方法又可以分为非实时和实时两大类。

　　1) 非实时

　　非实时的预失真补偿方法可以以文献[8]中所用的查表法为例，查表法的补偿效果需要依赖于存储器的容量大小和字长精度，同时查表法不能解决随着时间、环境以及放大器自身温度变化所带来的放大器性能参数有所差异的问题，这就降低了非线性效应补偿的有效性。

　　2) 实时

　　实时的预失真补偿方法可以以文献[7]中的自适应补偿方法为例。这类方法虽然具有一定的实时性，但补偿过程是通过采集前一时刻通过功率放大器的信号来提取功率放大器的非线性参数为后续发射信号提供预失真。这种方法并非真正意义上的实时补偿，而且对于非连续波调制的 MCPC 脉冲雷达而言，由于在发射脉冲和脉冲间隙两种情况下，放大器参数差异较大，在较长脉冲间隔内提取的非线性参数不能用于非线性效应补偿，因此传统自适应预失真方法也不适用于 MCPC 雷达系统。

4.4.2　功率放大器非线性补偿

由于传统非线性效应补偿方法不适用于 MCPC 雷达系统，本书提出利用 MCPC 雷达信号的单次回波提取功率放大器非线性参数用于对应回波信号的非线性效应补偿的方法。区别于传统预失真技术，该方法不依赖于前后发射信号间的联系，具有真正意义上的实时性，而且补偿过程主要在系统接收端以数字信号处理的方式实现，不需要增加额外硬件配置。

由于回波信号易受多普勒影响，本书又采用单个 MCPC 脉冲连续两次发射的信号结构和回波信号自相关的方法分离非线性与多普勒效应，使补偿过程免受多普勒和噪声影响。在补偿过程中，假设连续的两个 MCPC 脉冲时间内，功率放大器的特性参数和回波信号所受多普勒影响都没有发生变化。

本书所提补偿过程主要分以下三步。

1.　多普勒信息和噪声去除，回波信号指示

功率放大器非线性补偿的第一步是去除信号中的多普勒信息和噪声(假设由系统和信道引入的均为高斯白噪声)和回波信号的指示。结合式(4.5)，回波指示过程如式(4.6)所示，为了便于说明，以下信号均用复数形式表示：

$$\begin{aligned}
\left| R_{\mathrm{r}}(\tau) \right| &= \left| \int_{-\infty}^{\infty} u_{\mathrm{r\_d}}(t) \cdot \mathrm{e}^{\mathrm{j}2\pi f_d t} \cdot \left[\left(u_{\mathrm{r\_d}}(t_{\mathrm{d1}}) \cdot \mathrm{e}^{\mathrm{j}2\pi f_d t_{\mathrm{d1}}} \right) \right]^* \mathrm{d}t \right| \\
&= \left| \int_{-\infty}^{\infty} u_{\mathrm{r\_d}}(t) \cdot u_{\mathrm{r\_d}}^*(t_{\mathrm{d1}}) \cdot \mathrm{e}^{\mathrm{j}2\pi f_d (M \cdot t_b + \tau)} \mathrm{d}t \right| \\
&= \left| \int_{-\infty}^{\infty} u_{\mathrm{r\_d}}(t) \cdot u_{\mathrm{r\_d}}^*(t_{\mathrm{d1}}) \mathrm{d}t \right|
\end{aligned} \tag{4.6}$$

式中

$$t_{\mathrm{d1}} = t - M \cdot t_b - \tau \tag{4.7}$$

其中，$M \cdot t_b$ 为单个 $N \times M$ 的 MCPC 信号脉冲宽度；f_d 为多普勒频率。如式(4.6)所示，接收机将回波信号前后连续取宽度为 MCPC 雷达脉冲宽度 $M \cdot t_b$ 的两部分，并作互相关处理。根据假设，在连续两个脉冲时间内，功率放大器的特性参数和由目标运动引起的多普勒频率均无变化，则由式(4.6)可知多普勒频率 f_d 对相关作用的影响可被剔除。此外由于信号和噪声 n 非相关，$R_{\mathrm{r}}(\tau)$ 中也去除了噪声的影响。

2. 功率放大器非线性参数提取

由第一步确定了回波信号具体到达时间，准确采集到受功率放大器和信道影响的 MCPC 雷达回波信号后，第二步主要完成对功率放大器的各项非线性参数的提取。本书研究的重点为功率放大器的非线性响应，所以假设信道响应 $h=1$。本书利用 Saleh 模型，通过最小二乘法提取功率放大器的非线性参数，其具体实现如式(4.8)所示：

$$\min_{\alpha_a,\beta_a,\alpha_\phi,\beta_\phi} \frac{1}{2}\big\||R|-|R_\mathrm{r}|\big\|_2^2 \tag{4.8}$$

式中

$$R = \int_{-\infty}^{\infty} A[u(t)]\mathrm{e}^{\mathrm{j}[\psi(t)+\phi(u(t))]} \cdot \big(A[u(t_\mathrm{d1})]\mathrm{e}^{\mathrm{j}[\psi(t_\mathrm{d})+\phi(u(t_\mathrm{d1}))]}\big)^* \mathrm{d}t \tag{4.9}$$

3. 功率放大器非线性补偿

在确立了功率放大器非线性参数 α_a、β_a、α_ϕ、β_ϕ 的基础上，就可以实现对回波信号的非线性效应补偿，补偿后的信号可表示为

$$\begin{aligned}
u_{\mathrm{comp}}(t) &= u_{\mathrm{r\_d}}(t) \cdot [A(u)/u]^{-1} \cdot \mathrm{e}^{-\mathrm{j}\phi(u)} \cdot \mathrm{e}^{\mathrm{j}2\pi f_d t} \\
&= u_{\mathrm{r\_d}}(t) \cdot \left[\frac{\alpha_a}{(1+\beta_a u^2)}\right]^{-1} \cdot \mathrm{e}^{-\mathrm{j}\phi(u)} \cdot \mathrm{e}^{\mathrm{j}2\pi f_d t} \\
&= u(t) \cdot \mathrm{e}^{\mathrm{j}2\pi f_d t}
\end{aligned} \tag{4.10}$$

如式(4.10)所示，在对 MCPC 雷达回波信号从幅度和相位两方面补偿后，MCPC 雷达信号中的原有信息和多普勒频率 $\mathrm{e}^{\mathrm{j}2\pi f_d t}$ 都得以保留。为了说明本书所提出的功率放大器非线性效应补偿方法的有效性，4.4.3 节给出了具体的补偿例子，并通过仿真分析予以证实。

4.4.3　非线性补偿性能分析与仿真

为了验证所提出的功率放大器非线性效应补偿方法的有效性，本节给出了目标回波在存在多普勒频率情况下补偿效果仿真图。

图 4.14 为原 MCPC 雷达信号(a)与新结构的 MCPC 雷达信号(b)实包络比较图，为了便于后续仿真比较，图 4.14(a)中所用的原信号与图 4.5 中相同。如图 4.14 所示，新结构的 MCPC 雷达信号将对原 MCPC 雷达信号的单个脉冲重复两次发射。

图 4.15 分别给出了图 4.14 中发射信号在受到多普勒频率($f_d = 2/Mt_b$)影响情况下的理想回波信号与参考信号的互相关函数曲线(实线)、受功率放大器非线性效应

影响后的回波信号与参考信号的互相关函数曲线(虚线)，以及回波信号经功率放大器非线性效应补偿后与参考信号的互相关函数曲线图(叉线)。仿真结果中，MCPC雷达信号相关函数补偿结果是通过每个 t_b 时间内取 128 个采样点，迭代 81 次提取非线性模型参数后，补偿获得。

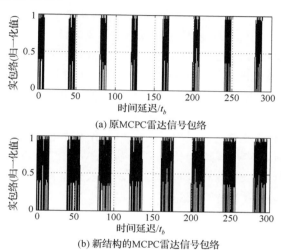

(a) 原MCPC雷达信号包络

(b) 新结构的MCPC雷达信号包络

图 4.14　原 MCPC 雷达信号和新结构 MCPC 雷达信号包络比较图

　　如图 4.15 所示，在信号受到多普勒频率影响的情况下，由于功率放大器的非线性效应，回波信号与参考信号的互相关函数曲线(虚线)与无非线性效应情况下(实线)相比，多处出现较大波动，例如，$0.1406 \cdot t_b$ 和 $5.789 \cdot t_b$ 点处归一化相关函数值分别由 -31.79dB 和 -46.37dB 上升到 -22.2dB 和 -28.5dB。而通过非线性效应补偿后(叉线)，非线性效应所引起的相关函数曲线起伏基本消除，相关函数曲线与无非线性效应情况大体一致，实现了存在多普勒频率下的非线性效应补偿，并保留了回波信号中的多普勒信息。

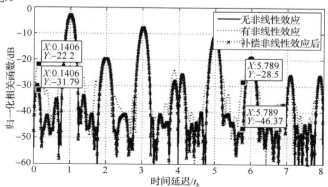

图 4.15　功率放大器非线性补偿效果仿真图

4.5　小　　结

　　本章首先分别分析了 MCPC 雷达信号由于较高的 PMEPR 受到强制限幅作用和功率放大器的非线性效应后一维距离像的变化；其次本章通过优化设计 MCPC 雷达信号各载波权重因子 $\{W_{n,k}\}$ 来实现信号低 PMPER 和低自相关函数旁瓣的双重目标，仿真结果表明通过加权优化的 MCPC 脉冲的 PMEPR 可降低到优化前的 66.7%，而主旁瓣比提高 3dB，MCPC 脉冲串的 PMEPR 可降低到优化前的 66.9%，而主旁瓣比提高 5dB；最后，提出利用 MCPC 雷达信号的单次回波提取功率放大器非线性参数用于对应回波信号非线性效应补偿的方法。为了解决回波信号易受多普勒影响的问题，采用单个 MCPC 脉冲连续两次发射的信号结构和回波信号自相关的方法分离非线性与多普勒效应，使补偿过程免受多普勒频率和噪声影响。理论分析和仿真结果表明该方法可以分离非线性与多普勒效应，不仅使非线性补偿过程免受多普勒频率和噪声影响，且能保留多普勒信息。

参 考 文 献

[1] Levanon N. Multicarrier radar signals-pulse train and CW [J]. IEEE Transactions on Aerospace and Electronic Systems, 2002, 38（2）: 707-720

[2] O'Neill R, Lopes L B. Envelope variations and spectral splatter in clipped multicarrier signals [C]. PIMRC'95, Toronto, 1995, 1: 71-75

[3] Li X D, Cimini L J. Effects of clipping and filtering on the performance of OFDM [J]. IEEE Communications Letters, 1998, 2: 131-133

[4] Armstrong J. Peak-to-average power reduction for OFDM by repeated clipping and frequency domain filtering [J]. Electronics Letters, 2002, 38: 246-247

[5] Levanon N. Multifrequency complementary phase-coded radar signal [J]. IEE Proceedings-Radar, Sonar and Navigation, 2000, 147: 276-284

[6] Mozeson E, Levanon N. Multicarrier radar signals with low peak-to-mean envelope power ratio[J]. IEE Proceedings-Radar, Sonar and Navigation, 2003, 150（2）: 71-77

[7] Morgan D R, Ma Z X, Kim J, et al. A generalized memory polynomial model for digital predistortion of RF power amplifiers[J]. IEEE Transactions on Signal Processing, 2006, 54: 3852-3860

[8] He Z Y, Ge J H, Geng S J, et al. An improved look-up table predistortion technique for HPA with memory effects in OFDM systems [J]. IEEE Transactions on Broadcasting, 2006, 52: 87-91

[9] 顾村锋, 缪晨, 侯志, 等. 多载波补偿相位编码雷达信号的子载波加权优化[J]. 探测与控制学报, 2008, 30（4）: 56-60

[10] Saleh A. Frequency-independent and frequency-dependent nonlinear models of TWT amplifiers [J]. IEEE Transactions on Communications, 1981, 29: 1715-1717

[11] Hee H S, Cioffi J M, Hong L J. Tone injection with hexagonal constellation for peak-to-average power ratio reduction in OFDM [J]. IEEE Communications Letters, 2006, 10: 646-648

[12] Jiao Y Z, Wang X A, Xu Y, et al. A novel PAPR reduction technique by sampling partial transmit sequences[C]. 5th International Conference on Wireless Communications, Networking and Mobile Computing, Beijing, 2009: 1-3

[13] Tian Y F, Ding R H, Yao X A, et al. PAPR reduction of OFDM signals using modified partial transmit sequences[C]. 2nd International Congress on Image and Signal Processing, Tianjin, 2009: 1-4

[14] Sharma P K, Nagaria R K, Sharma T N. PAPR reduction for OFDM scheme by new partial transmit sequence technique in wireless communication systems [C]. First International Conference on Computational Intelligence, Communication Systems and Networks, Indore, 2009: 114-118

[15] Lu G, Wu P, Carlemalm-Logothetis C. Peak-to-average power ratio reduction in OFDM based on transformation of partial transmit sequences [J]. Electronics Letters, 2006, 42: 105-106

[16] Jiao Y Z, Liu X J, Wang X A. A novel tone reservation scheme with fast convergence for PAPR reduction in OFDM systems [C]. IEEE Conference on Consumer Communications and Networking, Las Vegas, 2008: 398-402

[17] Hyun-Bae J, Hyung-Suk N, Dong-Joon S, et al. Multi-stage TR scheme for PAPR reduction in OFDM signals [J]. IEEE Transactions on Broadcasting, 2009, 55: 300-304

[18] Krongold B S, Jones D L. An active-set approach for OFDM PAR reduction via tone reservation [J]. IEEE Transactions on Signal Processing, 2004, 52: 495-509

[19] Reisi N, Ahmadian M. Reducing the complexity of tone injection scheme by suboptimum algorithms[C]. ISECS International Colloquium on Computing, Communication, Control, and Management, Guangzhou, 2008: 27-31

[20] Mizutani K, Ohta M, Ueda Y, et al. A PAPR reduction of OFDM signal using neural networks with tone injection scheme [C]. 6th International Conference on Information, Communications & Signal Processing, Singapore, 2007: 1-5

[21] Wattanasuwakull T, Benjapolakul W. PAPR reduction for OFDM transmission by using a method of tone reservation and tone injection[C]. Fifth International Conference on Information, Communications and Signal Processing, Bangkok, 2005: 273-277

[22] Yang L, Soo K K, Siu Y M, et al. A low complexity selected mapping scheme by use of time domain sequence superposition technique for PAPR reduction in OFDM system [J]. IEEE Transactions on Broadcasting, 2008, 54: 821-824

[23] Le Goff S Y, Boon Kien K, Tsimenidis C C, et al. A novel selected mapping technique for PAPR reduction in OFDM systems [J]. IEEE Transactions on Communications, 2008, 56: 1775-1779

[24] Suyama S, Nomura N, Suzuki H, et al. Subcarrier phase hopping MIMO-OFDM transmission employing enhanced selected mapping for PAPR reduction [C]. IEEE 17th International Symposium on Personal, Indoor and Mobile Radio Communications, Helsinki, 2006: 1-5

[25] Bauml R W, Fischer R F H, Huber J B. Reducing the peak-to-average power ratio of multicarrier modulation by selected mapping [J]. Electronics Letters, 1996, 32: 2056-2057

[26] 顾村锋, 吴文. 多载波调相雷达的放大器非线性效应补偿 [J]. 南京理工大学学报（自然科学版）, 2010, 34(4): 508-512

[27] 刘辉. 射频功率放大器线性化技术研究[D]. 西安: 西安电子科技大学, 2005: 75-100

[28] 杨建涛, 高俊, 王柏杉, 等. 基于 LUT 的射频预失真技术 [J]. 海军工程大学学报, 2009, 21(4): 78-81

[29] 鲍景富, 黄金福, 齐家红. 一种模拟预失真技术的宽带功率放大器的研究 [J]. 微波学报, 2009, 25(4): 66-68

第 5 章 准光功率合成制导探测发射机

5.1 概 述

在第 2 章中给出了 MCPC 制导探测信号的基本探测原理和产生方式，MCPC 信号可通过设置载波数、载波间隔和码元宽度的方式来实现距离维和速度维的 2 维高分辨力，且模糊函数呈图钉型，避免了距离–多普勒耦合问题。但是由于采用多载波调制方式，MCPC 信号具有较高 PMEPR，这增加了对功率放大器线性度和系统动态范围的要求，也降低了发射机的效率，在极力提高探测器发射功率的情况下，MCPC 雷达信号又将受到功率放大器非线性效应的影响。文献[1]～文献[27]中提出了降低 MCPC 信号 PMEPR 的方法，但都不能彻底解决 MCPC 信号非恒包络特性。在文献[28]中，作者提出将 MCPC 雷达信号的各子载波独立放大，再利用功率合成的方法合成 MCPC 雷达信号，但作者未给出具体实现方式。

本章依据 MCPC 制探探测信号的特点，利用文献[28]中的将 MCPC 雷达信号各子载波独立放大，再利用功率合成的方法合成 MCPC 雷达信号思路，提出基于准光功率合成器的毫米波多载波制导探测发射机方案，解决 MCPC 制导探测信号较高 PMEPR 的问题，并通过仿真从效率、带宽等方面分析了基于准光功率合成器的多载波雷达发射机的优势和实用价值[29,30]。

5.2 基于正交频率复用的制导探测波形特征分析

由于 MCPC 雷达信号的多载波特性，其具有较高的信号 PMEPR，图 4.6、图 4.8 和图 4.12 分别给出了典型 MCPC 雷达信号实包络图，PMEPR 值均在 2.9 以上。

为了提高发射机效率，功率放大器通常工作于非线性区，4.3 节虽然给出了降低 MCPC 雷达信号 PMEPR 的优化设计方法，但不能完全改变 MCPC 雷达信号非恒包络特性。为了提高功率放大器的效率，MCPC 雷达信号不可避免受到功率放大器非线性效应的影响。4.2.2 节分析了功率放大器非线性效应对 MCPC 雷达信号的影响，图 4.4 给出了基于 Saleh 模型的功率放大器非线性特性图，图 4.5 为 8 个 8×8 的 MCPC 脉冲信号分别通过理想功率放大器(实线)和以峰值为 1.1(注：1.1 为相对值，无单位)通过图 4.4 中所示非线性功率放大器(虚线)的情况下，与参考信号互相关所得的主旁瓣比较图。如图 4.5 所示，功率放大器的非线性影响不可忽略。

针对 MCPC 探测信号的波形特性，可通过 4.4 节给出的 MCPC 雷达信号的功率放大器非线性效应补偿方法提高系统功率放大器效率的同时，降低或去除由功率放大器非线性效应给探测带来的影响，也可通过 5.3 节给出的准光功率合成雷达发射机设计方案彻底规避 MCPC 探测信号多载波特性带来的影响。

5.3　准光功率合成雷达发射机设计

5.3.1　发射机总体设计

为了解决 MCPC 制导探测信号较高 PMEPR 的问题，本节利用文献[28]中的将MCPC 雷达信号各子载波独立放大，再利用功率合成的方法合成 MCPC 信号思路，提出基于准光功率合成器的毫米波多载波发射机方案，如图 5.1 所示为毫米波多载波相位编码制导信号发射机功能结构图，图中包括多载波相位编码制导信号发生器、上变频组件、放大器组件、波导薄透镜准光功率合成器、天线。由多载波相位编码制导信号发生器产生各子载波信号 $(1, 2, \cdots, N)$，各子载波信号通过上变频组件上变频至毫米波波段，经过放大器组件实现功率放大后，传输至波导薄透镜准光功率合成器合成为毫米波多载波相位编码制导探测信号，并传输至天线发射[31]。

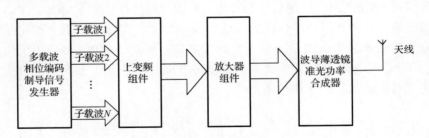

图 5.1　毫米波多载波相位编码制导信号发射机结构功能框图

本章下面将对多载波相位编码制导信号发射机和波导薄透镜准光功率合成器的具体实现作一介绍。

5.3.2　MCPC 制导信号发生器

如图 5.2 所示为多载波相位编码制导探测信号发生器功能框图，多载波相位编码制导探测信号发生器内部包含 N 个子载波信号发生器，这 N 个子载波信号共用参考频率和相位-幅度转换器，对于单个子载波信号发生器，参考频率通过倍频/分频器 $i(i=1,\cdots,N)$ 后输入至相位累加器，相位累加器的输出与相位调制器的输出相加合成相位信息作为共用相位-幅度转换器的输入，共用相位-幅度转换器接收到相位信息后，输出子载波信号的幅度信息，子载波信号的幅度信息再与幅度调制器的输出相乘，并将相乘结果传输至数模转化器，最终由数模转换器输出子载波信息。

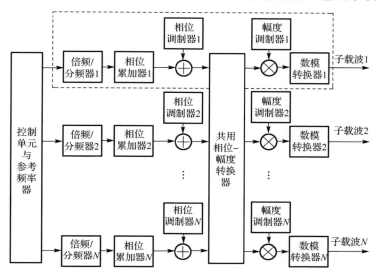

图 5.2　多载波相位编码制导探测信号发生器功能框图

5.3.3　准光功率合成器

如图 5.3 所示为文献[31]中给出的月形波导薄透镜准光功率合成器结构图，其由波导输入端口、月形透镜、E 面扇形喇叭天线和波导输出端口组成。由图 5.3 中所示的放大器组输出的各子载波信号通过波导薄透镜准光功率合成器的波导输入口输入，通过月形透镜，并传输至 E 面扇形喇叭天线实现功率合成产生毫米波多载波相位编码雷达信号，最后毫米波多载波相位编码雷达信号通过波导薄透镜准光功率合成器的波导输出端口输出。

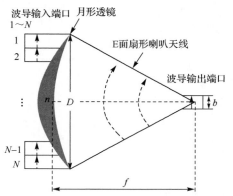

图 5.3　波导薄透镜准光功率合成器结构示意图

月形透镜内外表面分别为圆柱和椭圆形，在笛卡儿坐标系下，透镜表面可表示为式(5.1)和式(5.2)。

(1)外表面

$$\frac{x^2}{a^2} + \frac{y^2}{b^2} = 1 \tag{5.1}$$

(2)内表面

$$x^2 + (y+c)^2 = f^2 \tag{5.2}$$

式中

$$b = \frac{n^2 f - n\sqrt{f^2 - D^2/4}}{n^2 - 1} \tag{5.3}$$

$$a = \frac{\sqrt{n^2 - 1}}{n} b \tag{5.4}$$

$$c = \frac{b}{n} \tag{5.5}$$

其中，n 是薄透镜的折射系数；D 和 f 分别为月形透镜的直径和焦距，f/D 越小，透镜越厚。

5.4　雷达信号合成效率仿真分析

如图 5.4 所示为波导薄透镜准光功率合成器在 CST 环境下的仿真示意图，图 5.5 给出了波导薄透镜准光功率合成器合成效率仿真结果图，如图 5.5 所示，在 25～35GHz 范围内，波导薄透镜准光功率合成器合成效率都在 90%以上。

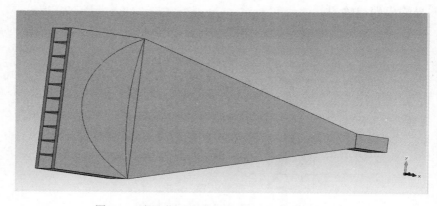

图 5.4　波导薄透镜准光功率合成器仿真示意图

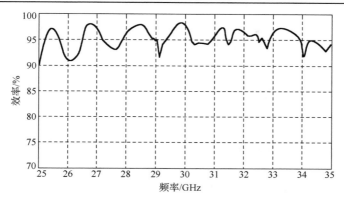

图 5.5　波导薄透镜准光功率合成器合成效率仿真图

5.5　小　　结

基于准光功率合成器的毫米波多载波制导探测发射机通过将各子载波独立放大，再利用准光功率合成器合成多载波雷达信号的方法，彻底解决了由于多载波雷达探测信号非恒包络，信号峰均比较高导致的功率放大器效率低下，且对功率放大器线性度要求较高的问题。该方案使用的带宽宽，可以达到 10GHz 以上，合成效率高，可以达到 90% 以上。

本章相关内容可为毫米波多载波制导探测系统的工程化研制提供理论基础。

参 考 文 献

[1] 顾村锋, 吴文. 多载波调相雷达的放大器非线性效应补偿[J]. 南京理工大学学报(自然科学版), 2010, 34(4): 508-512

[2] Wattanasuwakull T, Benjapolakul W. PAPR reduction for OFDM transmission by using a method of tone reservation and tone injection[C]. Fifth International Conference on Information, Communications and Signal Processing, Bangkok, 2005: 273-277

[3] Yang L, Soo K K, Siu Y M, et al. A low complexity selected mapping scheme by use of time domain sequence superposition technique for PAPR reduction in OFDM system[J]. IEEE Transactions on Broadcasting, 2008, 54: 821-824

[4] Le Goff S Y, Boon Kien K, Tsimenidis C C, et al. A novel selected mapping technique for PAPR reduction in OFDM systems[J]. IEEE Transactions on Communications, 2008, 56: 1775-1779

[5] Suyama S, Nomura N, Suzuki H, et al. Subcarrier phase hopping MIMO-OFDM transmission employing enhanced selected mapping for PAPR reduction[C]. IEEE 17th International Symposium on Personal, Indoor and Mobile Radio Communications, Helsinki, 2006: 1-5

[6]   Bauml R W, Fischer R F H, Huber J B. Reducing the peak-to-average power ratio of multicarrier modulation by selected mapping[J]. Electronics Letters, 1996, 32: 2056-2057

[7]   Jiao Y Z, Wang X A, Xu Y, et al. A novel PAPR reduction technique by sampling partial transmit sequences[C]. 5th International Conference on Wireless Communications, Networking and Mobile Computing, Beijng, 2009: 1-3

[8]   Tian Y F, Ding R H, Yao X A, et al. PAPR reduction of OFDM signals using modified partial transmit sequences[C]. 2nd International Congress on Image and Signal Processing, Tianjin, 2009: 1-4

[9]   Sharma P K, Nagaria R K, Sharma T N. PAPR reduction for OFDM scheme by new partial transmit sequence technique in wireless communication systems[C]. International Conference on Computation Intelligence, Communication Systems and Networks, 2009: 114-118

[10]   O'Neill R, Lopes L B. Envelope variations and spectral splatter in clipped multicarrier signals[C]. PIMRC'95, Toronto, 1995, 1: 71-75

[11]   Li X D, Cimini LJ. Effects of clipping and filtering on the performance of OFDM[J]. IEEE Communications Letters, 1998, 2: 131-133

[12]   Armstrong J. Peak-to-average power reduction for OFDM by repeated clipping and frequency domain filtering[J]. Electronics Letters, 2002, 38: 246-247

[13]   Jiao Y Z, Liu X J, Wang X A. A novel tone reservation scheme with fast convergence for PAPR reduction in OFDM systems[C]. IEEE Conference on Consumer Communications and Networking, Las Vegas, 2008: 398-402

[14]   Hyun-Bae J, Hyung-Suk N, Dong-Joon S, et al. Multi-stage TR scheme for PAPR reduction in OFDM signals[J]. IEEE Transactions on Broadcasting, 2009, 55: 300-304

[15]   Krongold B S, Jones D L. An active-set approach for OFDM PAR reduction via tone reservation[J]. IEEE Transactions on Signal Processing, 2004, 52: 495-509

[16]   Reisi N, Ahmadian M. Reducing the complexity of tone injection scheme by suboptimum algorithms[C]. ISECS International Colloquium on Computing, Communication, Control, and Management, Guangzhou, 2008: 27-31

[17]   Mizutani K, Ohta M, Ueda Y, et al. A PAPR reduction of OFDM signal using neural networks with tone injection scheme[C]. 6th International Conference on Information, Communications & Signal Processing, 2007: 1-5

[18]   Seung Hee H, Cioffi J M, Jae Hong L. Tone injection with hexagonal constellation for peak-to-average power ratio reduction in OFDM [J]. IEEE Communications Letters, 2006, 10: 646-648

[19]   Lu G, Wu P, Carlemalm-Logothetis C. Peak-to-average power ratio reduction in OFDM based on transformation of partial transmit sequences[J]. Electronics Letters, 2006, 42: 105-106

[20] Mozeson E, Levanon N. Multicarrier radar signals with low peak-to-mean envelope power ratio[J]. IEE Proceedings-Radar, Sonar and Navigation, 2003, 150(2): 71-77

[21] He Z Y, Ge J H, Geng S J, et al. An improved look-up table predistortion technique for HPA with memory effects in OFDM systems[J]. IEEE Transactions on Broadcasting, 2006, 52: 87-91

[22] Morgan D R, Ma Z X, Kim J, et al. A generalized memory polynomial model for digital predistortion of RF power amplifiers[J]. IEEE Transactions on Signal Processing, 2006, 54: 3852-3860

[23] 刘辉. 射频功率放大器线性化技术研究[D]. 西安: 西安电子科技大学, 2005: 75-100.

[24] 杨建涛, 高俊, 王柏杉, 等. 基于 LUT 的射频预失真技术[J]. 海军工程大学学报, 2009, 21(4): 78-81

[25] 鲍景富, 黄金福, 齐家红. 一种模拟预失真技术的宽带功率放大器的研究[J]. 微波学报, 2009, 25(4): 66-68

[26] Schenk T. RF Imperfections in High-rate Wireless Systems: Impact and Digital Compensation[M]. Berlin: Springer, 2008

[27] 顾村锋, 缪晨, 侯志, 等. 多载波补偿相位编码雷达信号的子载波加权优化[J]. 探测与控制学报, 2008, 30(4): 56-60

[28] Levanon N. Multicarrier radar signals-pulse train and CW[J]. IEEE Transactions on Aerospace and Electronic Systems, 2002, 38(2): 707-720

[29] 顾村锋. 多载波补码相位编码雷达的关键技术研究[D]. 南京: 南京理工大学, 2010

[30] 顾村锋, 李亚乾, 陈晨, 等. 基于准光功率合成器的多载波雷达发射机设计[C]. 中国航天科技集团公司先进制导、导航和控制技术学术年会, 上海, 2014: 315-320

[31] Wu X D, Zhao H C, Chen M, et al. Design on waveguide thin lens quasi-optical power combining[C]. 2009 Asia Pacific Microwave Conference, Singapore, 2009

第6章 导引头抗遮挡技术

6.1 概 述

针对脉冲多普勒体制主动雷达导引头存在的"遮挡效应",本章在分析遮挡机理和影响的基础上,研究了3种典型抗遮挡技术[1-4]的特点和适用场合,并重点给出遮挡预判的原理和实现方法。

6.2 遮挡机理与影响分析

6.2.1 遮挡机理

脉冲多普勒主动雷达导引头所接收到的目标回波信号功率计算公式可表示为

$$P_{回} = \frac{P G^2 \lambda^2 \sigma}{(4\pi)^3 R_{mt}^4 L_1 L_2 \tau_r} d^2 \tag{6.1}$$

式中,P 为发射功率;G 为天线增益,假设发射天线和接收天线同增益;τ_r 为接收波门;d 为遮挡因子,可以表示为

$$d = \begin{cases} 0, & 0 \leqslant \Delta\tau < \tau_p \\ (\Delta\tau - \tau_p)/T_r, & \tau_p \leqslant \Delta\tau < (\tau_t + \tau_p) \\ (T_r - \tau_r - 2 \cdot \tau_p)/T_r, & (\tau_t + \tau_p) \leqslant \Delta\tau < (\tau_r + \tau_p) \\ (T_r - \tau_p - \Delta\tau)/T_r, & (\tau_r + \tau_p) \leqslant \Delta\tau < (T_r - \tau_p) \\ 0, & (T_r - \tau_p) \leqslant \Delta\tau < T_r \end{cases} \tag{6.2}$$

其中,T_r 为信号周期;τ_t 为信号脉冲宽度;τ_p 为信号保护间隔($T_r = \tau_t + \tau_r + 2 \cdot \tau_p$);$\Delta\tau$ 为时间延迟相对信号周期的模,$\Delta\tau = \mathrm{mod}(\tau, T_r)$;$\tau$ 为信号发射接收后的时间延迟,$\tau = 2 \cdot R_{mt}/c$;c 为光速,其值为 $3 \times 10^8 \mathrm{m/s}$。

图 6.1 给出了遮挡示意图,图中实线为信号脉冲,虚线导引头接收波门,阴影部分为回波脉冲,随着 $\Delta\tau$ 由 $0 \sim T_r$ 变化,回波信号状态依次变化为:全遮挡→半遮挡→透明期→半遮挡→全遮挡。

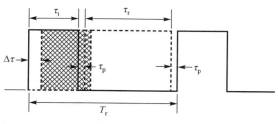

图 6.1　遮挡示意图

　　图 6.2 给出了某典型低空弹道情况下，导引头回波接收机所接收到的能量变化。如图 6.2 所示，导引头回波接收机所接收到的能量随着弹目距离的减少整体呈上升趋势，但同时周期性会以全遮挡→半遮挡→透明期→半遮挡→全遮挡方式变化，仿真过程中所取参数如表 6.1 所示，表中参数只为仿真演示目的，无实际含义。

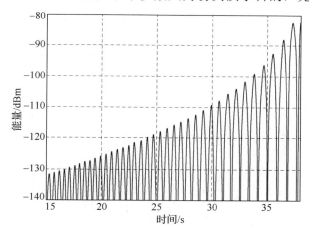

图 6.2　典型弹道情况下的目标回波能量变化

表 6.1　遮挡仿真所用参数

参数名	取值
P/W	100
G/dB	30
λ/m	$(3\times10^{8})/(8\times10^{9})$
σ/m^2	2
L_1/dB	5
L_2/dB	$0.1\times R_{\text{mt}}/1000$
T_{r}/kHz	$1/300$
τ_{t}	$0.4\times T_{\text{r}}$
τ_{r}	$0.5\times T_{\text{r}}$
τ_{p}	$0.05\times T_{\text{r}}$

6.2.2　遮挡影响分析

1. 镜像影响分析

在低空、超低空弹道情况下，导引头接收机接收到的能量除了来自目标外，还可能来自目标镜像，图 6.3 给出了图 6.2 仿真弹道情况下，导引头接收机所收到的理论目标和镜像能量对比图。在镜像目标能量的仿真过程中，考虑了地面或海面反射系数的影响，导引头接收到的镜像目标能量的计算过程为

$$P_{回\_镜} = \frac{P G^2 \lambda^2 \sigma_{镜} \rho^2(\beta)}{(4\pi)^3 R_{mt\_镜}^4 L_1 L_3 \tau_r} d^2 \tag{6.3}$$

式中，$\sigma_{镜}$ 为目标反射到镜像方向的散射面积；$\rho(\beta)$ 为地面（海面）反射系数，随擦地（海）角 β 变化[5]；$R_{mt\_镜}$ 为导弹与目标镜像之间的波程；L_3 为波程在 $R_{mt\_镜}$ 情况下的大气衰减。

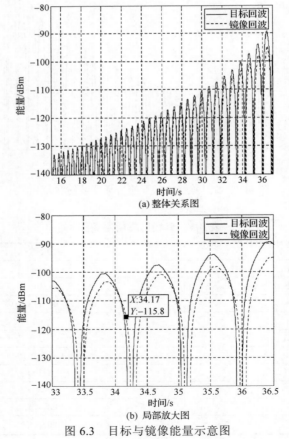

(a) 整体关系图

(b) 局部放大图

图 6.3　目标与镜像能量示意图

在仿真过程中，假设导引头探测信号波形为垂直极化，利用式(8.3)、式(8.4)和式(8.6)作为地面(海面)反射系数模型，选取参数如表 6.2 所示。

表 6.2　多路径效应仿真参数设置表

参数名	参数值
波长 λ / m	0.032
介电常量	65–j30.7
$\Delta h / \mathrm{m}$	0.003

在图 6.3 中，图(a)为典型弹道情况下，目标与镜像能量整体关系图，从整体上来看，镜像能量小于回波能量，但由图(b)局部放大图可以发现，当目标回波能量进入半遮挡和全遮挡期后，镜像回波能量存在大于目标回波能量的时刻，这不单会给导引头引入跟踪误差，严重情况下，还将导致导引头目标错锁。

2. 雷达误差影响分析

雷达误差影响仿真分析中，基于比幅单脉冲体制，导引头的和差方向图可分别表示为[6]：

$$\Sigma(\theta) = \exp(-1.386(\theta / \theta_b)^2) \tag{6.4}$$

$$\Delta(\theta) = 1.56(\theta / \theta_b)\exp(-0.9(\theta / \theta_b)^2) \tag{6.5}$$

式中，θ 为视线偏离角；θ_b 为导引头天线 3dB 波束宽度。

输出的雷达误差可表示为

$$E = \mathrm{real}[\Delta(\theta) / \Sigma(\theta)] \tag{6.6}$$

式中，real 表示为取计算结果的实部。

此外，引用了文献[7]中的测角误差的标准偏差，可表示为

$$\sigma_a = \frac{\theta_b}{1.6\sqrt{2 \cdot \mathrm{SNR}}} \tag{6.7}$$

式中，SNR 为导引头接收通道信噪比。

图 6.4 给出了典型弹道情况下导引头雷达误差输出值，(a)为整体图，(b)为局部放大图。如图所示，当目标回波信号进入半遮挡和全遮挡后，导引头回波通道能量不断下降，导致信噪比下降，引起雷达误差波动加大，其量级远远大于正常雷达误差值，已无法满足制导控制系统的要求。

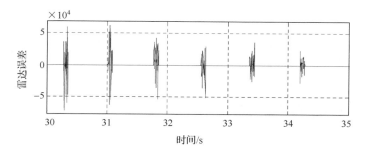

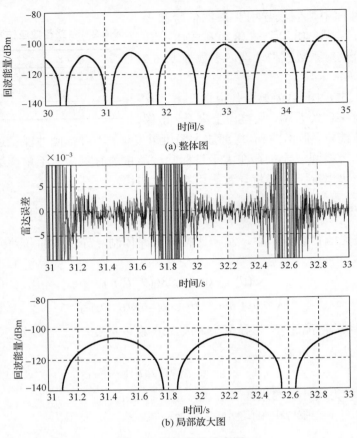

图 6.4　雷达误差仿真图

6.3　抗遮挡技术

6.3.1　变重频抗遮挡技术

1. 基本原理

文献[3]中给出的变重频抗遮挡方法，具体原理如下。

由式(6.2)可知，当 $(\tau_t + \tau_p) \leqslant \Delta\tau < (\tau_r + \tau_p)$ 时，可使导引头回波信号处于透明期，而 $\Delta\tau = \mathrm{mod}(\tau, T_r)$，其中 $\tau = 2 \cdot R_{mt} / c$，由弹目距离决定，$T_r$ 为导引头照射信号重复周期，所以可以通过改变 T_r 使得 $\Delta\tau$ 满足 $(\tau_t + \tau_p) \leqslant \Delta\tau < (\tau_r + \tau_p)$ 的要求，实现变重频抗遮挡。

2．特点和适用场合

变重频抗遮挡方法，虽然从原理上可以彻底解决"遮挡"效应，但是文献[3]中提出的变重频实现原理是建立在精确测距的基础上，但对于制导系统通常采用高重频，以 200～500kHz 范围的重频频率来分析，遮挡周期对应的弹目距离变化为 300～750m。再就以表 6.1 中给出的发射脉冲参数为例，其透明期比例为整个周期的 10%（通常也可通过降低发射脉冲占空比的方式，加大透明期比例，但会降低导引头发射机效率），故测距误差需优于 10%。以 1% 计算，200～500kHz 重频范围的测距误差为 3～7.5m，测距精度计算公式为

$$\frac{c}{2 \cdot B} = \Delta R \tag{6.8}$$

式中，B 为信号带宽；ΔR 为测距精度。

由式（6.8）可以获得满足 3～7.5m 测距精度要求的信号带宽为 20～50MHz，为此变重频抗遮挡技术较适用于宽带导引头系统，窄带脉冲多普勒体制的导引头将无法实现变重频抗遮挡功能。

6.3.2　遮挡期外推技术

1．基本原理

文献[4]给出了遮挡期外推法，为了降低遮挡期对导引头角度跟踪系统、频率跟踪系统和制导系统的影响，分别在角度跟踪系统中增加一项速度控制、在速度跟踪系统中增加一项加速度反馈控制，以及在制导系统中采用状态卡尔曼滤波，在遮挡期三个系统都采用外推控制，使误差尽量减少。

2．特点和适用场合

遮挡期外推法可减少角度环路、速度环路和制导系统在遮挡期的跟踪误差，但是在处理过程中，系统受影响在前，外推在后，制导系统无法避免地受到引头雷达误差恶化的影响，此外，目标镜像影响问题也未得到解决。

6.3.3　遮挡预判技术

1．遮挡预判需求分析

由 6.2.2 节遮挡影响分析可以发现，进入遮挡期后，导引头跟踪目标的能力和输出的雷达误差品质会急剧下降，遮挡问题的解决将会大大提高制导系统的性能。

文献[3]中给出的变重频抗遮挡方法，虽然从原理上可以彻底解决"遮挡"效应，但是书中提出的变重频实现原理是建立在精确测距的基础上，这就限制了其在窄带脉冲多普勒体制中的应用。

文献[4]中提到遮挡期目标信息外推的处理方法，在处理过程中，无法避免地会在回波信号进入半遮挡和遮挡期后，导引头受信噪比的影响，雷达误差恶化，此外，目标镜像影响问题也未得到解决，为此需要结合遮挡预判技术，通过遮挡预判可以解决如下两大问题：

(1)通过遮挡预判，可以使导引头预知遮挡期的到来，可以在半遮挡和遮挡期提前关闭接收通道，防止导引头错锁目标镜像信号；

(2)通过遮挡预判，可以在半遮挡和遮挡期提前关闭接收通道，防止雷达误差恶化。

为此，以下部分重点研究遮挡预判的原理和实现方式。

2. 遮挡预判原理

图 6.5 给出了遮挡预判原理示意图，如图中所示，假设某一时刻能量峰值点对应时刻为 t_T，后续遮挡预判时刻点 t_Z，两点对应的弹目距离变化为 L，则遮挡起始点预判可表示为

$$\int_{t_T}^{t_Z} V(t)\mathrm{d}t = L \tag{6.9}$$

式中，$V(t)$ 为实时弹目相对速度。

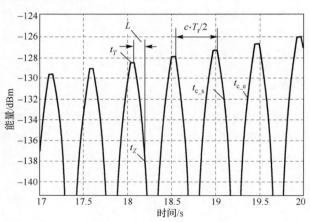

图 6.5　遮挡预判原理示意图

如式(6.9)所示，两点对应的弹目距离变化 L 与两个时刻内弹目相对速度与时间的积分等值。为此，在获取能量峰值点对应时刻为 t_T，预判点与能量峰值点之间对

应的弹目距离变化 L，以及实时的弹目相对速度 $V(t)$ 的 3 个要素的基础上，即可获得遮挡预判时间点 t_z。

3. 遮挡预判实现方式

根据前面给出的遮挡预判原理，以下将详述 t_T、L 和 $V(t)$ 3 个要素的获取方式，及其可行性。

1）回波能量峰值点获取原理

为了获取目标回波能量的峰值点，由于可能会受到噪声等因素的影响，不可简单地采用区域内获取最大值点的方式，以下简述本书所采用的峰值点获取方法[8]。

在峰值点获取过程中，首先对回波数据进行求导，在求导后的数据中，零和负值的交界点，即为峰值点。但对于受到噪声影响的试验数据，这种方式所获得的峰值点往往不够准确。为了避免这种情况，可以对求导后的数据进行平滑处理，通过设计平滑宽度、负值门限，以及原始数据的幅度值来获得峰值点。然而，平滑的方式将使信号失真，所以可以通过最小二乘拟合法在峰值点区域与原始回波数据进行曲线拟合，获得最终的峰值点位置、高度和宽度信息。这种方式既解决了回波信号中存在噪声的问题，又避免了高度平滑带来的信号失真问题。

综上，峰值点获取可以归纳为以下几个流程：

（1）原始回波数据求导；

（2）求导数据平滑处理，并通过设计平滑宽度、负值门限和原始数据的幅度获得峰值区域；

（3）在所获得的峰值区域通过最小二乘拟合法由原始数据获得回波能量峰值点的位置、高度和宽度信息。

2）弹目距离变化值获取原理

由式（6.2）可以发现整个遮挡过程中的周期与脉冲周期 T_r 一致，而该周期对应的波程差为 $c \cdot T_r$，弹目距离为 $c \cdot T_r / 2$，其示意图如图 6.5 所示。

当获得某一能量峰值点对应时刻 t_T 后，需要预判遮挡起始和遮挡结束 2 个时刻点，用以关闭和开启导引头接收机通道，假设时刻分别为 t_{c_s} 和 t_{c_e}，依据式（6.2）可得

$$\begin{aligned}\Delta t_s &= t_{c\_s} - t_T\\&= T_r - \tau_p - (\tau_r + \tau_p)\\&= T_r - 2\cdot\tau_p - \tau_r\end{aligned} \tag{6.10}$$

$$\begin{aligned}\Delta t_e &= t_{c\_e} - t_T\\&= T_r + \tau_p - (\tau_r + \tau_p)\\&= T_r - \tau_r\end{aligned} \tag{6.11}$$

则弹目距离变化为

$$L_s = \Delta t_s \cdot c / 2 = (T_r - 2 \cdot \tau_p - \tau_r) \cdot c / 2 \tag{6.12}$$

$$\begin{aligned} L_e &= \Delta t_e \cdot c / 2 \\ &= (T_r - \tau_r) \cdot c / 2 \end{aligned} \tag{6.13}$$

$$L_e - L_s = \tau_p c \tag{6.14}$$

式中，L_s 为遮挡开始的弹目距离，L_e 为遮挡结束时的弹目距离。

而在实际应用中，遮挡预判时刻点 t_{c_s} 和 t_{c_e} 通常选取先于全遮挡起始点的某一点作为导引头接收通道关闭点，而后于全遮挡的某一点作为导引头接收通道开启点，如图 6.5 中的 t'_{c_s} 和 t'_{c_e} 所示，因为回波能量在进入全遮挡之前的一段时间里，其信噪比已经恶化，雷达误差已受到较大影响。

若以某固定能量点 P_{cutoff} 作为预判选取点，则预判时间点获取原理如下。

针对某一遮挡周期内，能量峰值可表示为

$$\begin{aligned} P_{max} &= \frac{P G^2 \lambda^2 \sigma}{(4\pi)^3 R_{mt}^4 L_1 L_2 \tau_r} d^2 \\ &= \frac{P G^2 \lambda^2 \sigma}{(4\pi)^3 R_{mt}^4 L_1 L_2 \tau_r} \left(\frac{T_r - \tau_r - 2 \cdot \tau_p}{T_r} \right)^2 \end{aligned} \tag{6.15}$$

后续第一个半遮挡期到达能量值为 P_{cutoff} 的时间点可表示为

$$P_{cutoff} = \frac{P G^2 \lambda^2 \sigma}{(4\pi)^3 (R_{mt} - \Delta R)^4 L_1 L_2 \tau_r} \left(\frac{T_r - \tau_p - \Delta \tau}{T_r} \right)^2 \tag{6.16}$$

式中，ΔR 为该遮挡周期内，能量峰值点到后续第一个半遮挡到达能量值为 P_{cutoff} 的时刻的弹目距离变化。

将 P_{max} 和 P_{cutoff} 相比可获得

$$\begin{aligned} \frac{P_{max}}{P_{cutoff}} &= \left(\frac{R_{mt} - \Delta R}{R_{mt}} \right)^4 \left(\frac{T_r - \tau_r - 2 \cdot \tau_p}{T_r - \tau_p - \Delta \tau} \right)^2 \\ &= \left(1 - \frac{\Delta R}{R_{mt}} \right)^4 \left(\frac{T_r - \tau_r - 2 \cdot \tau_p}{T_r - \tau_p - \Delta \tau} \right)^2 \end{aligned} \tag{6.17}$$

为了便于推导，假设 $1 - \dfrac{\Delta R}{R_{mt}} = A$，由式 (6.17) 可以获得

$$\Delta \tau = \left(1 - A^2 \sqrt{\frac{P_{cutoff}}{P_{max}}} \right) \cdot T_r + \left(2 \cdot A^2 \sqrt{\frac{P_{cutoff}}{P_{max}}} - 1 \right) \cdot \tau_p + \tau_r \cdot A^2 \sqrt{\frac{P_{cutoff}}{P_{max}}} \tag{6.18}$$

则由第一预判点到后续遮挡起始点的时间差为

$$\Delta t = T_{\mathrm{r}} - \tau_{\mathrm{p}} - \Delta \tau$$

$$= A^2 \cdot \sqrt{\frac{P_{\mathrm{cutoff}}}{P_{\mathrm{max}}}} \cdot (T_{\mathrm{r}} - 2\tau_{\mathrm{p}} - \tau_{\mathrm{r}})$$

$$= \left(1 - \frac{\Delta R}{R_{\mathrm{mt}}}\right)^2 \cdot \sqrt{\frac{P_{\mathrm{cutoff}}}{P_{\mathrm{max}}}} \cdot (T_{\mathrm{r}} - 2\tau_{\mathrm{p}} - \tau_{\mathrm{r}}) \tag{6.19}$$

由式 (6.19) 可以发现 Δt 的获得,除了与 $P_{\mathrm{cutoff}} / P_{\mathrm{max}}$ 有关外,与 $\Delta R / R_{\mathrm{mt}}$ 也息息相关。由于一个遮挡周期弹目距离变化为 $c \cdot T_{\mathrm{r}} / 2$,所以 $\Delta R < c \cdot T_{\mathrm{r}} / 4$,则在弹目距离较远的情况下,$R_{\mathrm{mt}} \gg \Delta R$,式 (6.19) 可以简化为

$$\Delta t \approx \sqrt{\frac{P_{\mathrm{cutoff}}}{P_{\mathrm{max}}}} \cdot (T_{\mathrm{r}} - 2\tau_{\mathrm{p}} - \tau_{\mathrm{r}}) \tag{6.20}$$

此时,$\Delta \tau$ 可表示为

$$\Delta \tau_{\text{远}} \approx \Delta t_{\mathrm{s}} - \Delta t$$

$$\approx \left(1 - \sqrt{\frac{P_{\mathrm{cutoff}}}{P_{\mathrm{max}}}}\right) \cdot (T_{\mathrm{r}} - 2\tau_{\mathrm{p}} - \tau_{\mathrm{r}}) \tag{6.21}$$

而在弹目距离较近的情况下,ΔR 与 R_{mt} 可以相比拟,此时 $1 - \Delta R / R_{\mathrm{mt}}$ 较小,导致 Δt 较小,则 Δt 选取受限于导引头信息处理设备的单帧处理时间 $t_{\mathrm{sp\_min}}$,将预判点定位进入遮挡期的前一信息处理时间点即可,则 $\Delta \tau$ 可表示为

$$\Delta \tau_{\text{近}} \approx T_{\mathrm{r}} - \tau_{\mathrm{p}} - t_{\mathrm{sp\_min}} - (\tau_{\mathrm{r}} + \tau_{\mathrm{p}})$$

$$\approx T_{\mathrm{r}} - 2\tau_{\mathrm{p}} - \tau_{\mathrm{r}} - t_{\mathrm{sp\_min}} \tag{6.22}$$

将式 (6.21) 和式 (6.22) 结合式 (6.12) 可获得

$$L_{\mathrm{s}} \approx \Delta \tau \cdot c / 2 \tag{6.23}$$

在实际工程应用过程中,弹目距离的判定可联合导弹武器系统相关信息,也可利用导引头自身的目标测距信息,由于对测距精度无要求,可以相对粗略,所以在使用中不受影响。

同理以上推导过程,可获得 L_{e},本书不再赘述。

3) 精确测速原理

在雷达导引头中,除基于单脉冲技术的角跟踪环路外,还有速度跟踪环路。对于数字式的速度跟踪环路,其频率分辨率和导引头接收中频采用率有关,可以达到 Hz 级,以 50Hz 频率分辨率估算,并参见表 6.1 中给出的 λ 值,依据弹目多普勒计

算公式(如式(6.24)所示)估算，速度跟踪分辨率为 0.9375m/s。

$$\frac{2 \cdot V(t)}{\lambda} = f_\mathrm{d} \tag{6.24}$$

式中，f_d 为弹目多普勒频率。

　　而弹目相对速度 $V(t)$ 通常在 1000m/s 以上，不到 1m/s 的速度跟踪分辨率较弹目相对速度 $V(t)$ 而言，完全可以忽略速度跟踪环路带来的测速误差，换言之，在脉冲多普勒导引头体制下，可以非常准确地获得弹目相对速度，使遮挡预判实现成为可能。

　　4. 遮挡预判效果仿真分析

　　图 6.6 给出了典型弹道下回波峰值能量点和预判点获取仿真图。如图所示，即便受到噪声影响，书中所采用的回波峰值能量获取方法也能很好地找到回波能量峰值点。

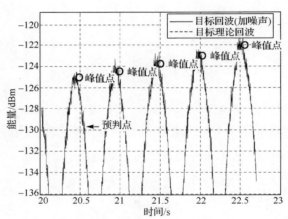

图 6.6　回波峰值能量点和预判点获取仿真图

　　此外，在预判点获取过程中，P_cutoff 取值为 -130dBm，图 6.6 中获得的预判点略有提前，是由于式(6.20)中的省略项导致。由于偏差不大，与 -130dBm 对应点的时间间隔也较短，故所带来的影响可忽略。

　　图 6.7 给出了遮挡未预判，以及遮挡预判后，在预判 $t_\mathrm{c\_s}$ 点关断雷达误差输出，在预判 $t_\mathrm{c\_e}$ 点开启雷达误差输出的最终雷达误差输出比较图，预判过程中 P_cutoff 取值同样为 -130dBm。在仿真过程中，假设在经过 $t_\mathrm{c\_s}$ 至 $t_\mathrm{c\_e}$ 的关断期后，导引头依旧能够正常截获目标。如图 6.7 所示，通过遮挡预判后，可以有效关断低信噪比情况下的雷达误差输出。

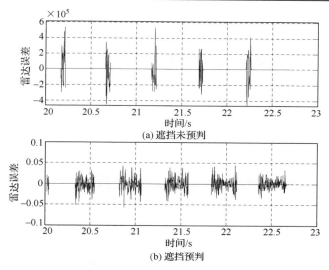

图 6.7　雷达误差输出对比图

6.4　抗遮挡技术选择分析

在实际的工程应用过程中，可依据导引头所采用的体制有针对性地选择抗遮挡技术。

1.　宽带体制

对于宽带体制的导引头，可以在精确测距的基础上，采用变重频抗遮挡技术，彻底解决遮挡对导引头的影响。

2.　窄带体制

对于窄带体制的导引头，变重频技术已不适用，单纯的遮挡期外推技术不能完全去除遮挡期对导引头指令恶化和制导系统的影响，可以综合遮挡预判和遮挡期外推技术，在半遮挡和遮挡期提前关闭接收通道，防止雷达误差和导引头指令恶化，以及导引头错锁镜像目标，同时在半遮挡和遮挡期实现各环路的外推控制。

6.5　小　　　结

脉冲体制探测器(如主动导引头)存在遮挡效应，通过机理和影响分析发现在遮挡和半遮挡期导引头接收通道易受镜像目标影响，且雷达误差恶化严重。

　　目前已公开发表的可利用的抗遮挡技术中，变重频、遮挡外推和遮挡预判 3 项抗遮挡技术有其自身的特点和适用场合，通过分析发现对于宽带体制的导引头可采用变重频抗遮挡技术，彻底解决遮挡问题，而对于窄带体制的导引头可结合遮挡外推和遮挡预判技术降低遮挡对导引头和制导系统的影响，在实际工程应用中，多种抗遮挡技术的综合运用是未来抗遮挡技术研究的重要发展方向。

参 考 文 献

[1]　李庚泽, 顾村锋, 朱俊, 等. 雷达导引头三种抗遮挡技术的适用性分析[J]. 制导与引信, 2015, 36(1): 4-7

[2]　顾村锋, 王学成, 罗志军, 等. 导引头遮挡预判研究与效果分析[J]. (已被《上海航天》录用)

[3]　郭玉霞, 吴湘霖, 张德峰. 雷达导引头变重频抗遮挡算法设计[J]. 航空兵器, 2009, 3: 28-30

[4]　沈亮, 李合新. PD 雷达导引头的遮挡现象及其处理方法[J]. 制导与引信, 2007, 28(1): 1-6

[5]　朗 M W. 陆地和海面的雷达波散射特性[M]. 薛德镛, 译. 北京: 科学出版社, 1981

[6]　Mrstik A V, Smith P G. Multipath limitation on low-angle radar tracking[J]. IEEE Transactions on Aerospace and Electronic Systems, 1978, 14(1): 85-102

[7]　Mahafza B R, Elsherbeni A Z. 雷达系统设计 MATLAB 仿真[M]. 朱国富, 黄晓涛, 黎向阳, 等, 译. 北京: 电子工业出版社, 2012

[8]　O'Haver T. Peak Finding and Measurement [EB]. http://terpconnect.umd.edu/~toh/spectrum/PeakFindingandMeasurement.htm#findpeaks[2014-10-15]

第 7 章　MCPC 宽带系统 IQ 不平衡补偿技术

7.1　概　　述

IQ 不平衡的存在将降低通信系统的信道估计能力和系统同步性能[1]，提高通信 BER 和 EVM[1-4]。在 MCPC 雷达系统中，IQ 不平衡又会引入信号镜像分量导致目标错误指示。本章在给出 IQ 不平衡模型，分析已有频域和时域两类补偿方法[3-6]的基础上，提出了适用于宽带系统的时域 IQ 补偿方法，并通过实例仿真分析证实了所提的补偿方法在低信噪比和宽带情况下的有效性。

7.2　MCPC 雷达的 IQ 不平衡模型与影响分析

本书利用了文献[1]所采用的 IQ 不平衡模型。在 MCPC 雷达发射端，基带信号和用于发射的射频信号之间的关系可表示为

$$u_{\mathrm{RF,t}}(t)=[G_1 u_{\mathrm{t}}(t)+G_2^* u_{\mathrm{t}}^*(t)]\mathrm{e}^{\mathrm{j}\omega t}+[G_1^* u_{\mathrm{t}}^*(t)+G_2 u_{\mathrm{t}}(t)]\mathrm{e}^{-\mathrm{j}\omega t} \tag{7.1}$$

式中

$$G_1=(1+g_{\mathrm{t}}\mathrm{e}^{\mathrm{j}\Phi_{\mathrm{t}}})/2 \tag{7.2}$$

$$G_2=(1-g_{\mathrm{t}}\mathrm{e}^{\mathrm{j}\Phi_{\mathrm{t}}})/2 \tag{7.3}$$

式中，$u_{\mathrm{t}}(t)$ 和 $u_{\mathrm{RF,t}}(t)$ 分别表示基带信号和射频信号；ω 是载波频率；g_{t} 和 Φ_{t} 是发射机的幅度和相位不平衡参数。

通过信道后，接收机接收到的信号可表示为

$$u_{\mathrm{RF,r}}(t)=h\cdot u_{\mathrm{RF,t}}(t)+n_{\mathrm{B\_RF}} \tag{7.4}$$

式中，$u_{\mathrm{RF,r}}(t)$ 表示接收到的射频信号；h 表示对应的信号响应；$n_{\mathrm{B\_RF}}$ 表示信道加性噪声。由于探测器接收机的 IQ 不平衡影响，非理想接收机本振信号可表示为

$$x_{\mathrm{LO}}(t)=K_1\mathrm{e}^{-\mathrm{j}\omega t}+K_2\mathrm{e}^{\mathrm{j}\omega t} \tag{7.5}$$

式中

$$K_1=(1+g_{\mathrm{r}}\mathrm{e}^{-\mathrm{j}\Phi_{\mathrm{r}}})/2 \tag{7.6}$$

$$K_2=(1-g_{\mathrm{r}}\mathrm{e}^{\mathrm{j}\Phi_{\mathrm{r}}})/2 \tag{7.7}$$

式中，g_r 和 Φ_r 是探测器接收的幅度和相位不平衡参数。下变频后，所接收到的信号可表示为

$$
\begin{aligned}
u_r(t) &= \mathrm{LP}[u_{\mathrm{RF,r}}(t) \cdot x_{\mathrm{LO}}(t)] \\
&= \mathrm{LP}[(h \cdot u_{\mathrm{RF,t}}(t) + n_{\mathrm{B\_RF}}) \cdot x_{\mathrm{LO}}(t)] \\
&= W_1 h u_t(t) + W_2 h u_t^*(t) + n_{\mathrm{B\_LF}}
\end{aligned} \tag{7.8}
$$

式中

$$
W_1 = K_1 G_1 + K_2 G_2 \tag{7.9}
$$

$$
W_2 = K_1 G_2^* + K_2 G_1^* \tag{7.10}
$$

LP 表示低通滤波，$n_{\mathrm{B\_LF}}$ 表示经低通滤波后的噪声。

假设通过参考信号与接收信号的互相关实现信号检测，互相关结果可表示为

$$
E[u_r(t)u_t^*(t)] = W_1 h \cdot E[u_t(t)u_t^*(t)] + W_2 h \cdot E[u_t^*(t)u_t^*(t)] + E[n_{\mathrm{B\_LF}}u_t^*(t)] \tag{7.11}
$$

对于理想发射机和接收机，式(7.11)可以表示为

$$
E[u_r(t)u_t^*(t)] = E[u_t(t)u_t^*(t)] \cdot h + E[n_{\mathrm{B\_LF}}u_t^*(t)] \tag{7.12}
$$

通过比较式(7.11)和式(7.12)可以发现式(7.11)中的 $E[u_t(t)u_t^*(t)] \cdot h$ 会受到 W_1 的影响，而且式中还增加了 $W_2 h \cdot E[u_t^*(t)u_t^*(t)]$ 部分。$W_2 h \cdot E[u_t^*(t)u_t^*(t)]$ 取决于发射信号的信号特性。图 7.1 给出了基于 MCPC 雷达信号的 $20\lg(|E[u_t(t)u_t^*(t)]|)$ 和 $20\lg(|E[u_t^*(t)u_t^*(t)]|)$，所用 MCPC 信号引用自文献[7]图 9。

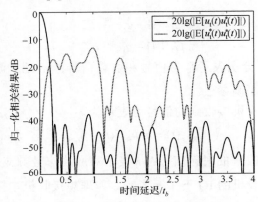

图 7.1　基于 MCPC 雷达信号的 $20\lg(|E[u_t(t)u_t^*(t)]|)$ 和 $20\lg(|E[u_t^*(t)u_t^*(t)]|)$

增加的 $W_2 h \cdot E[u_t^*(t)u_t^*(t)]$ 部分会由于参量 W_1 和 W_2 的因素，导致互相关函数旁瓣升高，在严重 IQ 不平衡情况下，将导致目标错误指示。为了简化式(7.11)和式(7.12)，本书采用文献[4]中讨论的镜像抑制比来定义 MCPC 雷达的成像质量，其表达式为

$$\text{IRR} = \left| \frac{W_2}{W_1} \right|^2 \tag{7.13}$$

图 7.2 给出了当 $g_t = g_r = 1.1$ 和 $\Phi_t = \Phi_r = 5°$ 时，IQ 不平衡影响下的 MCPC 互相关函数实例（虚线）。由于 IQ 不平衡的影响，MCPC 雷达信号互相关函数较 MCPC 雷达信号理想自相关函数旁瓣抬升明显，最高处已超过10dB，而此时 $\text{IRR} = 17.81\text{dB}$。

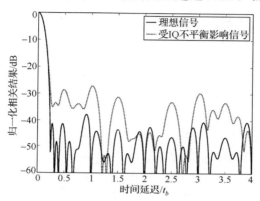

图 7.2　MCPC 雷达信号在 IQ 不平衡影响下的互相关函数与理想自相关函数比较图

7.3　MCPC 雷达 IQ 不平衡补偿

7.3.1　传统补偿方法分析

首先分析一下文献[1]中讨论的具有代表性的传统 IQ 不平衡时域补偿方法，该补偿方法可表示为

$$u_{\text{r,corr}}(t) = \frac{K_1^* u_r(t) - K_2 u_r^*(t)}{|K_1|^2 - |K_2|^2} \tag{7.14}$$

式中，$u_{\text{r,corr}}(t)$ 是补偿后的信号。式(7.14)的补偿过程只考虑理想情况下的 IQ 不平衡补偿，若综合考虑噪声、通道响应和系统发射机端存在的 IQ 不平衡的影响，补偿后的信号可表示为

$$u_{\text{comp}}(t) = \frac{(W_1 h)^*(u_t(t) - n_{\text{B\_LF}}) - W_2 h[u_t(t) - n_{\text{B\_LF}}]^*}{(|W_1|^2 - |W_2|^2)|h|^2} \tag{7.15}$$

如式(7.15)所示，信号在补偿过程将受噪声 $n_{\text{B\_LF}}$ 的影响，而且式(7.14)的补偿方法不能处理由低通滤波器不匹配等原因产生的随频率变化的 IQ 不平衡[1]的影响，所以式(7.14)所讨论的补偿方法不适用于 MCPC 雷达系统可能面对的宽带和低信噪比的场合。

7.3.2　宽带 IQ 不平衡补偿方法的提出

为了补偿 MCPC 雷达系统随频率变化的 IQ 不平衡和噪声的影响，本书提出的补偿方法主要基于式(7.11)。在式(7.11)中，由于噪声分量 n_{B_LF} 与信号 $u_t(t)$ 不相关，则 n_{B_RF} 与 $u_t(t)$ 的实部 $u_{t\_r}(t)$ 和虚部 $u_{t\_i}(t)$ 均不相关，所以 $E[n_{B\_LF}u_t^*(t)]$ 可表示为

$$E[n_{B\_LF}u_t^*(t)] = E[n_{B\_LF}u_{t\_r}(t)] - E[n_{B\_LF}u_{t\_i}(t)]$$
$$= 0 \tag{7.16}$$

因此噪声影响可以去除。基于式(7.11)，IQ 不平衡参数的提取可通过最小二乘法利用非线性拟合的方式实现，整个拟合过程可表示为

$$\min_{W_1,W_2}\left\| W_1 \cdot h \cdot E[u_t(t)u_t^*(t)] + W_2 h \cdot E[u_t^*(t)u_t^*(t)] - E[u_r(t)u_t^*(t)] \right\|_2^2 \tag{7.17}$$

通过式(7.17)可确定参数 W_1 和 W_2，用于雷达信号探测和通信系统信号帧同步的 IQ 不平衡补偿，补偿后的互相关函数可表示为

$$OB_{corr} = \frac{E[u_r(t)u_t^*(t)] - W_2 h \cdot E[u_t^*(t)u_t^*(t)]}{W_1 h} \tag{7.18}$$

式中，OB_{corr} 为补偿后的互相关函数。若要提取所有 IQ 不平衡参数，将已确定的参数 W_1 和 W_2 代入式(7.9)和式(7.10)解方程即可。

在宽带情况下，为了补偿随频率变化的 IQ 不平衡效应，本书将发射信号和接收信号分成几个子频带进行分析。以下推导过程给出了将信号频带分成两个子频带的例子：

$$E[u_r(t)u_t^*(t)] = E[(u_{r1}(t) + u_{r2}(t) + n_{B\_LF})(u_{t1}(t) + u_{t2}(t))^*]$$
$$= E[u_{r1}(t)u_{t1}^*(t)] + E[u_{r2}(t)u_{t1}^*(t)] + E[u_{r1}(t)u_{t2}^*(t)]$$
$$+ E[u_{r2}(t)u_{t2}^*(t)] + E[n_{B\_LF}(u_{t1}(t) + u_{t2}(t))^*] \tag{7.19}$$

式中，$u_{t1}(t)$ 和 $u_{t2}(t)$ 表示占据不同频带的发射信号；$u_{r1}(t)$ 和 $u_{r2}(t)$ 为与发射信号 $u_{t1}(t)$ 和 $u_{t2}(t)$ 对应的系统接收信号。由于信号与噪声非相关，故式(7.19)中的 $E[n_{B\_LF}(u_{t1}(t) + u_{t2}(t))^*]$ 分量可以被去除。为此，整个信号频带内的 IQ 不平衡参数可以利用式(7.20)通过非线性拟合获得：

$$E[u_r(t)u_t^*(t)] = W_{1\_1}h(E(u_{t1}(t)u_{t1}^*(t)) + E(u_{r1}(t)u_{t2}^*(t)))$$
$$+ W_{1\_2}h(E(u_{t2}(t)u_{t1}^*(t)) + E(u_{t2}(t)u_{t2}^*(t)))$$
$$+ W_{2\_1}h(E(u_{t1}^*(t)u_{t1}^*(t)) + E(u_{t1}^*(t)u_{t2}^*(t)))$$
$$+ W_{2\_2}h(E(u_{t2}^*(t)u_{t1}^*(t)) + E(u_{t2}^*(t)u_{t2}^*(t))) \tag{7.20}$$

式中，W_{1_1} 表示频段 1 的 W_1 参数，W_{1_2} 表示频段 2 的 W_1 参数，以此类推 W_{2_1} 和 W_{2_2}。

　　然而随着信号频带的不断细分，补偿过程的计算量将不断增加，为了降低整体计算量，本书利用 MCPC 雷达信号相关性来简化计算。在文献[7]中，作者证明了两个不同的 MCPC 信号互相关后，其结果接近为 0，本书在 3.4.3 节也给出了两个 MCPC 雷达信号独立性仿真的例子。所以如果 $u_{t1}(t)$ 和 $u_{t2}(t)$ 为两个独立的 MCPC 脉冲，则 $E[u_{t2}(t)u_{t1}^*(t)]$ 和 $E[u_{t1}(t)u_{t2}^*(t)]$ 近似为 0，式 (7.20) 可简化为

$$
\begin{aligned}
E[u_{\mathrm{r}}(t)u_{\mathrm{t}}^*(t)] = & W_{1\_1}h(E(u_{t1}(t)u_{t1}^*(t))) + W_{1\_2}h(E(u_{t2}(t)u_{t2}^*(t))) \\
& + W_{2\_1}h(E(u_{t1}^*(t)u_{t1}(t)) + E(u_{t1}^*(t)u_{t2}(t))) \\
& + W_{2\_2}h(E(u_{t2}^*(t)u_{t1}(t)) + E(u_{t2}^*(t)u_{t2}(t)))
\end{aligned}
\tag{7.21}
$$

7.3.3　仿真分析与讨论

　　为了验证所提出的宽带频率调制 IQ 不平衡补偿方法的有效性，利用文献[7]中给出的基于 P3 序列的频率加权 MCPC 雷达信号来分析补偿效果，所用信号的调制序列为

$$
u = (u_1; u_2)
\tag{7.22}
$$

式中

$$
u_1 = \begin{Bmatrix} 7\,1\,5\,3\,2\,6\,8\,4 \\ 2\,8\,4\,6\,1\,5\,3\,7 \\ 1\,3\,7\,5\,8\,4\,6\,2 \\ 8\,6\,2\,4\,3\,7\,5\,1 \\ 3\,5\,1\,7\,6\,2\,4\,8 \\ 6\,4\,8\,2\,5\,1\,7\,3 \\ 5\,7\,3\,1\,4\,8\,2\,6 \\ 4\,2\,6\,8\,7\,3\,1\,5 \end{Bmatrix}; \quad
u_2 = \begin{Bmatrix} 7\,1\,5\,3\,2\,6\,8\,4 \\ 2\,8\,4\,6\,1\,5\,3\,7 \\ 1\,3\,7\,5\,8\,4\,6\,2 \\ 8\,6\,2\,4\,3\,7\,5\,1 \\ 3\,5\,1\,7\,6\,2\,4\,8 \\ 6\,4\,8\,2\,5\,1\,7\,3 \\ 4\,2\,6\,8\,7\,3\,1\,5 \\ 5\,7\,3\,1\,4\,8\,2\,6 \end{Bmatrix}
\tag{7.23}
$$

　　基于调制序列 u_1 和 u_2，MCPC 雷达信号分别调制于两个独立的频带，并利用通用 Cosine 窗频率加权以获得较好的自相关函数主旁瓣比，Cosine 窗的参数设置为：$a_0 = 0.0991$，$a_1 = -0.0816$，$\alpha = 0.9979$。在以下分析过程中假设由 u_1 产生的 MCPC 信号即为 $u_1(t)$，由 u_2 产生的 MCPC 信号即为 $u_2(t)$，整个 MCPC 信号即为 $u(t)$，并假设两个频带所受的不同的 IQ 不平衡影响：对于 $u_1(t)$，$g_{t1} = g_{r1} = 1.2$，$\Phi_{t1} = \Phi_{r1} = 5°$；对于 $u_2(t)$，$g_{t2} = g_{r2} = 1.1$，$\Phi_{t2} = \Phi_{r2} = 10°$。

　　仿真过程在 MATLAB 中实现，每个 MCPC 雷达信号相位周期取 1024 个采样点，函数"AWGN"用于增加高斯白噪声和设定信噪比，函数"lsqcurvefit"用于提取 IQ 不平衡参数，所用算法为"large-scale: trust-region reflective Newton"。

　　如图 7.3 所示为在理想信道情况下，理想 MCPC 雷达信号 $u(t)$ 的自相关函数，以及理想 $u(t)$ 分别与受 IQ 不平衡影响情况下、利用传统时域补偿方法补偿 IQ 不平

衡情况下和利用本书所提补偿方法补偿 IQ 不平衡情况下信号的互相关函数比较图。如图 7.3 所示,基于式(7.14)的时域补偿方法在补偿宽带频率调制 IQ 不平衡时,补偿效果不如本书所提出的将信号分成两个子频带的时域补偿方法有效。由图 7.3 的比较还可以发现,在采用了本书所提出的补偿方法补偿后的信号,其互相关函数与理想信号的自相关函数十分一致。

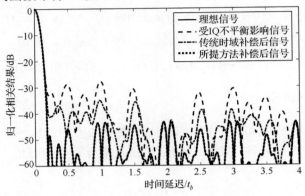

图 7.3　雷达信号 $u(t)$ 各情况下相关函数比较图

图 7.4 和图 7.5 分别给出了在信道为加性高斯白噪声(Additive White Gaussian Noise,AWGN)信道,信噪比为10dB 和 0dB 情况下,理想 MCPC 雷达信号 $u(t)$ 的自相关函数,以及理想 $u(t)$ 分别与受 IQ 不平衡影响情况下、利用传统时域补偿方法补偿 IQ 不平衡情况下和利用本书所提补偿方法补偿 IQ 不平衡情况下信号的互相关函数比较图。如图 7.4 和图 7.5 所示,式(7.14)对应的时域补偿方法随着 AWGN 信噪比的降低,IQ 不平衡补偿作用逐渐失效,当信噪比为 0dB 已基本无补偿效果。而本书所提出的时域补偿方法依然有效,而且补偿后信号的互相关函数与理想信号的自相关函数依旧十分一致。

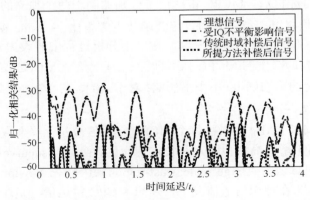

图 7.4　在信道为 AWGN,信噪比为 10dB 情况下,MCPC 雷达信号 $u(t)$ 相关函数比较图

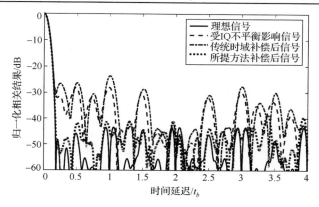

图 7.5　在信道为 AWGN，信噪比为 0dB 情况下，理想 MCPC 雷达信号 $u(t)$ 相关函数比较图

7.4　小　　结

　　针对系统所采用的零中频结构遇到的频率调制 IQ 不平衡问题，本章首先分析了 IQ 不平衡所导致的 MCPC 雷达信号自相关函数旁瓣的提高。其次，为了补偿 IQ 不平衡，本章分析了传统的两类补偿方法(时域补偿和频域补偿)的特点，发现时域补偿方法因不会引入信号探测的判决误差，而优于频域补偿方法，但传统的时域补偿方法不能解决宽带情况下的频率调制 IQ 不平衡的问题，而且补偿过程会受到噪声的影响。现有的能解决频率调制 IQ 不平衡的补偿方法只能针对特定的滤波器，并需要假设线性变化的通带相位误差等条件。为此，本章提出利用 MCPC 雷达的回波信号与原发射信号的互相关函数提取参数的方法来补偿 IQ 不平衡，并利用回波信号与原发射信号间的相关特性去除噪声影响。对于宽带情况下的频率调制 IQ 不平衡，本章又提出将原信号分成若干子频带分别补偿。为了解决随着频带细分带来的补偿过程计算量增加的问题，利用 MCPC 信号间的非相关特性简化运算。分析和仿真结果表明本章所提出的补偿方法在宽带和存在噪声的情况下，都能很有效地补偿频率调制 IQ 不平衡[8,9]。

参 考 文 献

[1]　Tubbax J, Come B, van der Perre L, et al. Compensation of IQ imbalance and phase noise in OFDM systems[J]. IEEE Transactions on Wireless Communications, 2005, 4: 872-877

[2]　Tarighat A, Bagheri R, Sayed A H. Compensation schemes and performance analysis of IQ imbalances in OFDM receivers[J]. IEEE Transactions on Signal Processing, 2005, 53(8): 3257-3268

[3]　Horlin F, Bourdoux A, van der Perre L. Low-complexity EM-based joint acquisition of the carrier frequency offset and IQ imbalance[J]. IEEE Transactions on Wireless Communications, 2008, 7: 2212-2220

[4]　Windisch M, Fettweis G. Performance degradation due to I/Q imbalance in multi-carrier direct conversion receivers: a theoretical analysis[C]. IEEE International Conference on Communications, 2006: 257-262

[5]　Kiss P, Prodanov V. One-tap wideband I/Q compensation for Zero-IF filters[J]. IEEE Transactions on Circuits and Systems I: Regular Papers, 2004, 51: 1062-1074

[6]　Schenk T. RF Imperfections in High-rate Wireless Systems: Impact and Digital Compensation [M]. Berlin: Springer, 2008

[7]　Levanon N. Multifrequency complementary phase-coded radar signal[J]. IEE Proceedings-Radar, Sonar and Navigation, 2000, 147: 276-284

[8]　Gu C F, Law C L, Wu W. Time domain IQ imbalance compensation for wideband wireless systems[J]. IEEE Communications Letters, 2010, 14(6): 539-541

[9]　顾村锋. 多载波补码相位编码雷达的关键技术研究[D]. 南京: 南京理工大学, 2010

第8章 多载波低空多路径制导误差补偿技术

8.1 概　　述

在超低空突防已作为现代战争的重要手段的大背景下，低空或超低空突防类目标的识别跟踪能力是考核制导系统防御能力的重要组成部分。在低空作战环境下，导引头将易受多路径等因素的影响，为此本章基于第2章给出的正交频率复用的制导体制，提出多载波条件下的低空多路径制导误差补偿方法，详细分析了补偿原理，并给出了易于工程实现的简易补偿实现方法，最后通过仿真分析验证了该补偿方法的有效性。

8.2 低空多路径模型

8.2.1 多路径模型空间示意

图8.1给出了导弹在打击低空目标时，导弹、目标、目标镜像相对位置关系图，以及导引头在探测过程中，探测信号的传输路径。如图8.1所示，导引头探测目标过程中，有部分能量直接向目标照射，另外部分能量向地面/海面辐射。直接照向目标的能量通过目标反射，形成目标回波；由目标反射的部分能量通过地面/海面反射，由导引头接收形成目标镜像回波；另外照向地面/海面的能量，一部分直接向导引头反射，形成主瓣杂波。

1. 目标回波能量计算

导引头所接收到的目标回波信号功率计算公式为[1]

$$P_{回} = \frac{P\,G(\psi_1)^2 \lambda^2 \sigma}{(4\pi)^3 R_{mt}^4 L_1 L_2} \tag{8.1}$$

式中，P 为导引头发射机辐射功率；$G(\psi_1)$ 为导引头天线增益（假设收发共用天线），ψ_1 为导引头指向与真实目标指向的夹角；λ 为制导探测信号波长；σ 为目标雷达散射截面积；R_{mt} 为导弹与目标之间连线的距离；L_1 为系统损耗；L_2 为大气损耗。

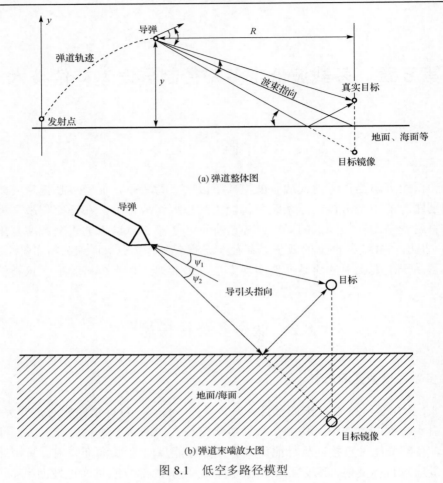

(a) 弹道整体图

(b) 弹道末端放大图

图 8.1　低空多路径模型

2. 杂波示意

导引头接收机接收到的由地/海面直接反射获得的杂波信号与各类杂波，以及目标谱线的关系图如图 8.2 所示。

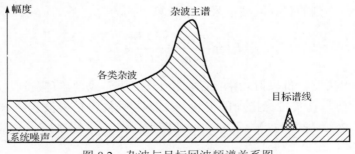

图 8.2　杂波与目标回波频谱关系图

3. 目标镜像能量计算

导引头接收到的镜像目标能量的计算过程为

$$P_{回\_镜} = \frac{PG(\psi_2)^2 \lambda^2 \sigma_镜 \rho^2(\beta)}{(4\pi)^3 R_{mt\_镜}^4 L_1 L_3} \tag{8.2}$$

式中，$G(\psi_2)$ 为导引头天线增益（假设收发共用天线），ψ_2 为导引头指向与镜像目标指向的夹角；$\sigma_镜$ 为目标反射到镜像方向的散射面积；$\rho(\beta)$ 为地面（海面）反射系数，随擦地（海）角 β 变化；$R_{mt\_镜}$ 为导弹与目标镜像之间的波程；L_3 为波程为 $R_{mt\_镜}$ 情况下的大气衰减。

由式（8.1）和式（8.2）比较可以发现，除距离差异外，目标与目标镜像的差异主要来自地面（海面）反射系数 $\rho(\beta)$，具体详见 8.2.2 节。

8.2.2　反射系数模型

文献[2]中给出了地面（海面）反射系数模型，该模型可表示为

$$\rho = \rho_0(\beta) \cdot \rho_s \tag{8.3}$$

式中，$\rho_0(\beta)$ 为光滑表面反射系数模型，依据探测波形的极化形式可分别表示为

$$\rho_{0\_垂直极化}(\beta) = \frac{\varepsilon \sin\beta - \sqrt{\varepsilon - \cos^2\beta}}{\varepsilon \sin\beta + \sqrt{\varepsilon - \cos^2\beta}} \tag{8.4}$$

$$\rho_{0\_水平极化}(\beta) = \frac{\sin\beta - \sqrt{\varepsilon - \cos^2\beta}}{\sin\beta + \sqrt{\varepsilon - \cos^2\beta}} \tag{8.5}$$

ρ_s 为反射表面粗糙度模型，可表示为

$$\rho_s = \begin{cases} \exp\left(-8\left(\frac{\pi \cdot \Delta h \cdot \sin\beta}{\lambda}\right)^2\right), & \rho_s > 0.4 \\ 0.4, & \rho_s \leq 0.4 \end{cases} \tag{8.6}$$

式中，ε 为复数介电常量；Δh 为反射面起伏高度。

图 8.3 和图 8.4 分别给出了基于式（8.3）、式（8.4）和式（8.6），当探测信号为垂直极化情况下，光滑表面与粗糙表面的反射系数幅度与反射系数相位随擦海/地角变化曲线。在仿真过程中，各参量取值为：$\lambda = 0.032\text{m}$，$\varepsilon = 60.5 - 30.7\text{i}$，$\Delta h = 0.01\text{m}$。

由图 8.3 和图 8.4 可以发现如下几点：

（1）对于光滑表面，反射系数的幅度随着入射角度的变化而变化，在某特定角度下，反射系数的幅度达到最低；

(2)对于粗糙表面，当入射角较小时，反射系数的幅度与光滑表面相当，当入射角较大时，反射系数的幅度远小于光滑反射表面；

(3)反射系数相位在擦海/地角较小(10°以内)的时候较大，随着角度增大，趋于稳定；

(4)反射系数相位变化与反射表面的粗糙程度几乎没有关系。

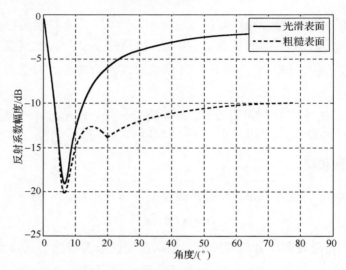

图 8.3 反射系数幅度随擦海角变化图

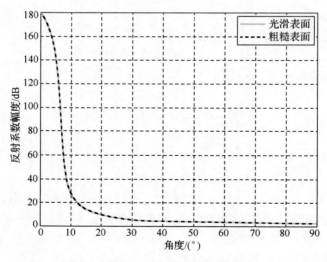

图 8.4 反射系数相位随擦海角变化图

8.3 低空环境制导影响分析

8.3.1 目标镜像制导影响分析

本节基于比幅单脉冲体制分析低空多路径环境对制导的影响，在分析过程中，假设导引头的和差方向图可分别表示为[3]

$$\Sigma(\theta) = e^{-1.386(\theta/\theta_b)^2} \tag{8.7}$$

$$\Delta(\theta) = 1.56 \cdot (\theta / \theta_b) \cdot e^{-0.9(\theta/\theta_b)^2} \tag{8.8}$$

式中，e 为自然对数；θ 为视线偏离角；θ_b 为导引头天线 3dB 波束宽度。

输出的雷达误差可表示为

$$E = \text{real}[\Delta(\theta) / \Sigma(\theta)] \tag{8.9}$$

文献[3]中，作者考虑 $R_{mt} \gg y_m(y_t)$，所以将导引头接收到的回波信号和镜像反射信号可以分别表示为 $A \cdot e^{i\omega t}$ 和 $\rho_s \cdot A \cdot e^{i(\omega t + \phi_s)}$，其中 ρ_s 为镜面反射系数，ϕ_s 为回波信号和镜像反射信号的相位差，其产生于信号路径差和由反射点引入的相位延迟 ϕ_R，可表示为

$$
\begin{aligned}
\phi_s &= 2 \cdot \pi \cdot \frac{R_{mt\_镜} - R_{mt}}{\lambda} + \phi_R \\
&= \frac{2 \cdot \pi}{\lambda}(\sqrt{(y_m + y_t)^2 + R_{mt}^2 - (y_m - y_t)^2} - R_{mt}) + \phi_R \\
&= \frac{2 \cdot \pi}{\lambda}(\sqrt{R_{mt}^2 + 4y_m y_t} - R_{mt}) + \phi_R
\end{aligned} \tag{8.10}
$$

式(8.10)幂级数展开后，可表示为

$$
\begin{aligned}
\phi_s &= \frac{2 \cdot \pi}{\lambda}(\sqrt{R_{mt}^2 + 4y_m y_t} - R_{mt}) + \phi_R \\
&= \frac{2 \cdot \pi}{\lambda}\left(R_{mt} + \frac{2y_m y_t}{R_{mt}} - \frac{2y_m^2 y_t^2}{R_{mt}^3} + \cdots - R_{mt}\right) + \phi_R \\
&= \frac{2 \cdot \pi}{\lambda}\left(\frac{2y_m y_t}{R_{mt}} - \frac{2y_m^2 y_t^2}{R_{mt}^3} + \cdots\right) + \phi_R
\end{aligned} \tag{8.11}
$$

同样基于 $R_{mt} \gg y_m$(或y_t)的假设，文献[3]中，作者对式(8.11)作了近似，表示为

$$\phi_s \approx \frac{4 \cdot \pi \cdot y_m \cdot y_t}{\lambda \cdot R_{mt}} + \phi_R \tag{8.12}$$

　　然而在制导系统中，R_{mt} 与 y_m（或 y_t）在末端相比拟，由于系统的特殊性，最终的导弹与目标的距离，和导弹与目标镜像的距离不能近似相等；同理，制导系统中相位延迟 ϕ_s 不可用式(8.12)替代。

　　为此基于式(8.7)和式(8.8)的和差方向图，导引头在低空多路径环境下单方向的和差输出可以表示为

$$S = A\mathrm{e}^{\mathrm{i}\omega t}\Sigma(\varepsilon) + G_R \rho_s A\mathrm{e}^{\mathrm{i}(\omega t + \phi_s)}\Sigma(\varepsilon - \theta_o) \tag{8.13}$$

$$D = A\mathrm{e}^{\mathrm{i}\omega t}\Delta(\varepsilon) + G_R \rho_s A\mathrm{e}^{\mathrm{i}(\omega t + \phi_s)}\Delta(\varepsilon - \theta_o) \tag{8.14}$$

式中，G_R 为导弹与目标的距离和导弹与目标镜像距离差异带来的能量变化，根据式(8.1)和式(8.2)可得

$$G_R = \frac{R_{mt}^4}{(R_{mt}^2 + 4y_m y_t)^2} \tag{8.15}$$

　　此时，雷达误差输出可表示为

$$\begin{aligned} E &= \mathrm{real}[D/S] \\ &= |D|/|S|\cos\phi_e \end{aligned} \tag{8.16}$$

式中，ϕ_e 表示差和和两个支路的相对相位差。

8.3.2　静态仿真分析

　　图 8.5 和图 8.6 分别给出了在导引头视线角与真实目标指向偏差在 $-15°\sim+15°$ 范围内，导引头输出角度随反射系数幅度变化和随反射系数相位变化比较曲线。在仿真过程中，相关参数设置如表 8.1 所示。

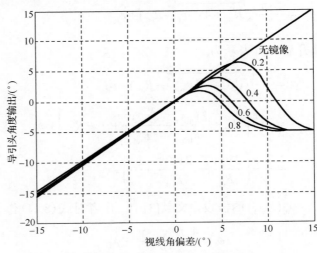

图 8.5　导引头输出角度随反射系数幅度变化比较曲线

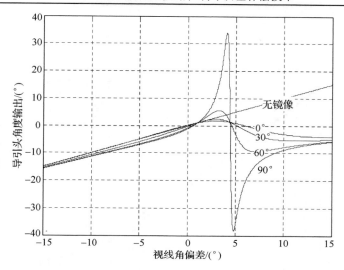

图 8.6　导引头输出角度随反射系数相位变化比较曲线

表 8.1　多路径制导影响参数设置

参数名	参数设置	备注
目标高度/m	30	——
导弹高度/m	500	——
弹目距离/m	500	——
导引头波束宽度/(°)	5	——
波长 λ /m	0.032	——
ϕ_R /(°)	20	用于反射系数幅度影响仿真
ρ_s	0.7	用于反射系数相位影响仿真

　　如图 8.5 所示，随着反射系数幅值 ρ_s 从 0.2～0.8 不断增加，导引头角度输出值与无镜像情况的真值不断加大。

　　如图 8.6 所示，随着反射系数相位 ϕ_R 从 0°～90°不断增加，导引头角度输出偏差不断加大，其中，当 $\phi_R = 0°$ 时，导引头角度输出偏差主要来自回波信号和镜像反射信号的相位差。

8.3.3　典型低空弹道仿真分析

　　图 8.7～图 8.12 分别给出了典型低空弹道情况下，光滑反射表面和非光滑反射表面情况下的目标真实指向、目标镜像真实指向和导引头实际指向仿真比较图，以及在整个弹道过程中反射系数幅度和相位的变化情况。仿真过程中，具体参数设置如表 8.2 所示。

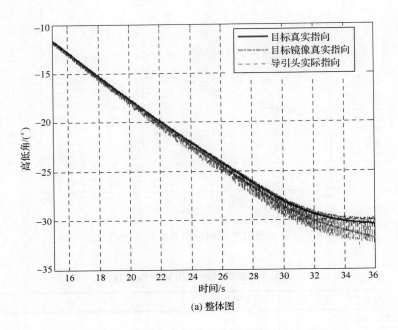

(a) 整体图

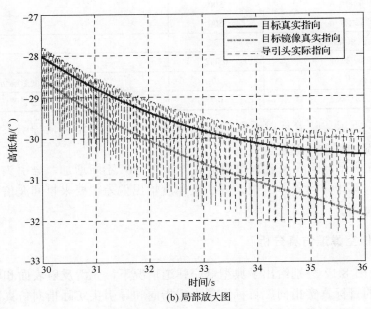

(b) 局部放大图

图 8.7 典型低空弹道制导影响分析(光滑反射面)(见彩图)

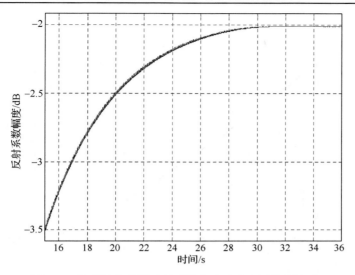

图 8.8　典型低空弹道反射系数幅度变化(光滑反射面)

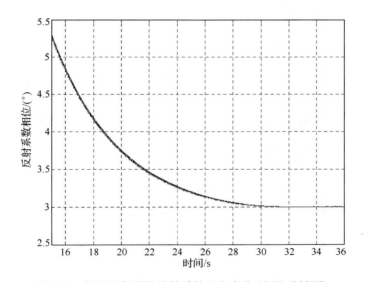

图 8.9　典型低空弹道反射系数相位变化(光滑反射面)

如图 8.7 所示,在典型低空弹道情况下,受光滑反射面的多路径影响,导引头接收机将接收到目标镜像回波能量,导致导引头天线无法指向真实目标,受反射系数相位(图 8.9)和导弹与目标、弹道与镜像波程差影响,将周期往返并超过真实目标与目标镜像指向。而在粗糙反射面情况下,由于反射系数幅度有所降低(图 8.8 和图 8.11),多路径所带来的导引头指向误差有所减少,如图 8.10 所示。

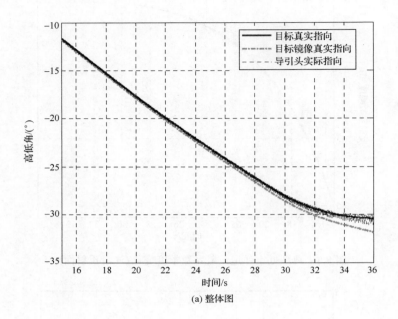

(a) 整体图

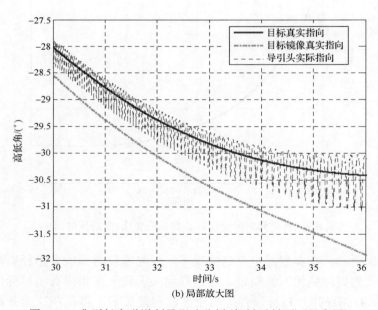

(b) 局部放大图

图 8.10 典型低空弹道制导影响分析(粗糙反射面)(见彩图)

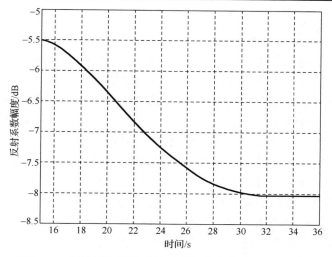

图 8.11　典型低空弹道反射系数幅度变化(粗糙反射面)

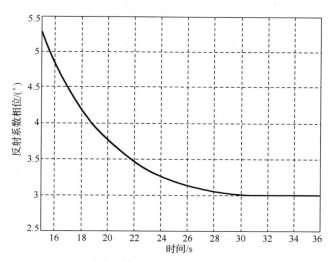

图 8.12　典型低空弹道反射系数相位变化(粗糙反射面)

表 8.2　多路径效应仿真参数设置表

参数名	参数值	备注
波长 λ /m	0.032	—
导引头波束宽度/(°)	5	—
介电常量	65−j30.7	—
Δh	0m/0.003m	光滑表面/粗糙表面
跳频数	4	—

8.3.4 影响分析小结

由分析可以发现，在低空战场环境下，由于受到多路径影响，导引头接收机除了接收到目标回波能量，还将收到目标镜像回波的影响。目标镜像回波能量的大小除受距离影响外，地/海面反射系数是主要的影响因素，地/海面反射系数又受探测波形极化、探测擦地/海角、探测波形波长、反射表面介电常量和粗糙程度等因素影响。而目标镜像将对导引头制导信息输出产生影响，影响程度决定于反射表面反射系数的幅度和相位，反射系数的幅度和相位越大，导引头探测误差越大。而在典型低空弹道条件下仿真分析可以发现，由于导引头接收机将接收到目标镜像回波能量，导致导引头天线无法指向真实目标，将周期往返并超过真实目标与目标镜像指向，粗糙反射面较光滑反射面所带来的导引头指向误差有所缓和。

本节的分析结果将为多路径效应补偿技术的研究打下基础。

8.4　多路径效应补偿原理

为了便于计算分析现将式 (8.13) 和式 (8.14) 中的相关量作如下定义：

$$A\mathrm{e}^{\mathrm{i}\omega t}\Sigma(\varepsilon) = S(\phi_{\mathrm{TA}})$$

$$G_{\mathrm{R}}\rho_s A\mathrm{e}^{\mathrm{i}(\omega t+\phi_s)}\Sigma(\varepsilon-\theta_o) = G_{\mathrm{R}}\rho_s \mathrm{e}^{\mathrm{i}\phi_s} S(\phi_{\mathrm{IA}})$$

$$A\mathrm{e}^{\mathrm{i}\omega t}\Delta(\varepsilon) = D(\phi_{\mathrm{TA}})$$

$$G_{\mathrm{R}}\rho_s A\mathrm{e}^{\mathrm{i}(\omega t+\phi_s)}\Delta(\varepsilon-\theta_o) = G_{\mathrm{R}}\rho_s \mathrm{e}^{\mathrm{i}\phi_s} D(\phi_{\mathrm{IA}})$$

式中，ϕ_{TA} 为导引头指向与导引头和目标连线的夹角；ϕ_{IA} 为导引头指向与导引头和目标镜像连线的夹角。

则导引头雷达误差输出可以表示为

$$
\begin{aligned}
\frac{D}{S} &= \mathrm{real}\left[\frac{D(\phi_{\mathrm{TA}}) + G_{\mathrm{R}}\rho_s \mathrm{e}^{\mathrm{i}\phi_s} D(\phi_{\mathrm{IA}})}{S(\phi_{\mathrm{TA}}) + G_{\mathrm{R}}\rho_s \mathrm{e}^{\mathrm{i}\phi_s} S(\phi_{\mathrm{IA}})}\right] \\
&= \mathrm{real}\left[\frac{\dfrac{D(\phi_{\mathrm{TA}})}{S(\phi_{\mathrm{TA}})} + G_{\mathrm{R}}\rho_s \mathrm{e}^{\mathrm{i}\phi_s} \dfrac{D(\phi_{\mathrm{IA}})}{S(\phi_{\mathrm{IA}})}\dfrac{S(\phi_{\mathrm{IA}})}{S(\phi_{\mathrm{TA}})}}{1 + G_{\mathrm{R}}\rho_s \mathrm{e}^{\mathrm{i}\phi_s}\dfrac{S(\phi_{\mathrm{IA}})}{S(\phi_{\mathrm{TA}})}}\right]
\end{aligned}
\tag{8.17}
$$

假设导引头 S 曲线的误差斜率为

$$P = \frac{D(\phi_{\mathrm{TA}})}{S(\phi_{\mathrm{TA}})} \tag{8.18}$$

则式 (8.17) 可转化为

$$\frac{1}{P}\frac{D}{S} = \mathrm{real}\left(\frac{\phi_{\mathrm{TA}} + \phi_{\mathrm{IA}}G_{\mathrm{R}}G_{\mathrm{IT}}\rho_{\mathrm{s}}\mathrm{e}^{\mathrm{i}\phi_{\mathrm{s}}}}{1 + G_{\mathrm{R}}G_{\mathrm{IT}}\rho_{\mathrm{s}}\mathrm{e}^{\mathrm{i}\phi_{\mathrm{s}}}}\right)$$

$$= \mathrm{real}\left(\frac{\phi_{\mathrm{TA}} + \phi_{\mathrm{IA}}G_{\mathrm{R}}G_{\mathrm{IT}}\rho_{\mathrm{s}}\cos(\phi_{\mathrm{s}}) + \mathrm{i}\phi_{\mathrm{IA}}G_{\mathrm{R}}G_{\mathrm{IT}}\rho_{\mathrm{s}}\sin(\phi_{\mathrm{s}})}{1 + G_{\mathrm{R}}G_{\mathrm{IT}}\rho_{\mathrm{s}}\cos(\phi_{\mathrm{s}}) + \mathrm{i}G_{\mathrm{R}}G_{\mathrm{IT}}\rho_{\mathrm{s}}\sin(\phi_{\mathrm{s}})}\right)$$

$$= \mathrm{real}\left\{\frac{[\phi_{\mathrm{TA}} + \phi_{\mathrm{IA}}G_{\mathrm{R}}G_{\mathrm{IT}}\rho_{\mathrm{s}}\cos(\phi_{\mathrm{s}}) + \mathrm{i}\phi_{\mathrm{IA}}G_{\mathrm{R}}G_{\mathrm{IT}}\rho_{\mathrm{s}}\sin(\phi_{\mathrm{s}})]\cdot[1 + G_{\mathrm{R}}G_{\mathrm{IT}}\rho_{\mathrm{s}}\cos(\phi_{\mathrm{s}}) - \mathrm{i}G_{\mathrm{R}}G_{\mathrm{IT}}\rho_{\mathrm{s}}\sin(\phi_{\mathrm{s}})]}{(1 + G_{\mathrm{R}}G_{\mathrm{IT}}\rho_{\mathrm{s}}\cos(\phi_{\mathrm{s}}))^2 + (G_{\mathrm{R}}G_{\mathrm{IT}}\rho_{\mathrm{s}}\sin(\phi_{\mathrm{s}}))^2}\right\}$$

$$= \frac{[\phi_{\mathrm{TA}} + \phi_{\mathrm{IA}}G_{\mathrm{R}}G_{\mathrm{IT}}\rho_{\mathrm{s}}\cos(\phi_{\mathrm{s}})]\cdot[1 + G_{\mathrm{R}}G_{\mathrm{IT}}\rho_{\mathrm{s}}\cos(\phi_{\mathrm{s}})] + \phi_{\mathrm{IA}}[G_{\mathrm{R}}G_{\mathrm{IT}}\rho_{\mathrm{s}}\sin(\phi_{\mathrm{s}})]^2}{(1 + G_{\mathrm{R}}G_{\mathrm{IT}}\rho_{\mathrm{s}}\cos(\phi_{\mathrm{s}}))^2 + (G_{\mathrm{R}}G_{\mathrm{IT}}\rho_{\mathrm{s}}\sin(\phi_{\mathrm{s}}))^2}$$

$$= \frac{\phi_{\mathrm{TA}} + (\phi_{\mathrm{IA}} + \phi_{\mathrm{TA}})G_{\mathrm{R}}G_{\mathrm{IT}}\rho_{\mathrm{s}}\cos(\phi_{\mathrm{s}}) + \phi_{\mathrm{IA}}[G_{\mathrm{R}}G_{\mathrm{IT}}\rho_{\mathrm{s}}]^2}{1 + 2G_{\mathrm{R}}G_{\mathrm{IT}}\rho_{\mathrm{s}}\cos(\phi_{\mathrm{s}}) + (G_{\mathrm{R}}G_{\mathrm{IT}}\rho_{\mathrm{s}})^2} \tag{8.19}$$

式中

$$G_{\mathrm{IT}} = \frac{S(\phi_{\mathrm{IA}})}{S(\phi_{\mathrm{TA}})} \tag{8.20}$$

要实现多路径效应补偿，主要是求出 ϕ_{TA}，而变换式(8.10)，可以获得如下等式：

$$\phi_{\mathrm{s}} = 2\cdot\pi\cdot\frac{R_{\mathrm{mt\_镜}} - R_{\mathrm{mt}}}{\lambda} + \phi_{\mathrm{R}}$$

$$= \frac{2\cdot\pi}{\lambda}(\sqrt{R_{\mathrm{mt}}^2 + 4y_{\mathrm{m}}y_{\mathrm{t}}} - R_{\mathrm{mt}}) + \phi_{\mathrm{R}}$$

$$= \frac{2\cdot\pi\cdot f}{c}(\sqrt{R_{\mathrm{mt}}^2 + 4y_{\mathrm{m}}y_{\mathrm{t}}} - R_{\mathrm{mt}}) + \phi_{\mathrm{R}} \tag{8.21}$$

如果变换载波频率，式(8.21)又可转变为

$$\phi_{\mathrm{s}}' = \frac{2\cdot\pi\cdot(f + \Delta f)}{c}(\sqrt{R_{\mathrm{mt}}^2 + 4y_{\mathrm{m}}y_{\mathrm{t}}} - R_{\mathrm{mt}}) + \phi_{\mathrm{R}} \tag{8.22}$$

式中，Δf 为载频频率变化值，则 ϕ_{s} 的相位变化为

$$\Delta\phi_{\mathrm{s}} = \frac{2\cdot\pi\cdot\Delta f}{c}(\sqrt{R_{\mathrm{mt}}^2 + 4y_{\mathrm{m}}y_{\mathrm{t}}} - R_{\mathrm{mt}}) \tag{8.23}$$

而由式(8.19)可以发现，通过一个 ϕ_{s} 值，可以获得一个相应的雷达误差，但方程中始终包含 ϕ_{TA}、ϕ_{IA}、ρ_{s}、ϕ_{R}、$R_{\mathrm{mt\_镜}}$ 和 R_{mt} 6 个未知量。其余量，如 G_{R} 可由导引头天线方向图结合获得，G_{IT} 由 $R_{\mathrm{mt\_镜}}$ 和 R_{mt} 通过雷达方程获得，ϕ_{s} 可由 $R_{\mathrm{mt\_镜}}$ 和 R_{mt} 通过式(8.21)获得。

为此，可通过调整 Δf，改变 ϕ_{s}，当调制 6 次，即可获得 6 个方程，满足解 6 个未知量的条件，以此获得 ϕ_{TA}，达到多路径制导误差补偿的目的。在文献[4]和[5]中，作者提出，通过频率步进的方式，改变 Δf，获得多个雷达误差输出，然而，该方法只适用于地面雷达等探测系统与目标相对速度比较低的场合，对于制导系统弹

目相对速度很高，在调整 Δf，获得多个雷达误差输出的过程中，ϕ_{TA}、ϕ_{IA}、ρ_s、ϕ_R、$R_{mt\_镜}$ 和 R_{mt} 6 个未知量均有较大变化，无法达到多路径制导误差补偿的效果。

　　然而，利用前面给出的基于正交频率复用技术的探测波形，可以实现一个脉冲发射条件下，多个 Δf 雷达误差的获取，满足 6 个未知量在单个处理过程中参数一致性，达到多路径制导误差精确补偿的效果。

8.5　多路径效应补偿简易实现原理

　　8.4 节详细给出了低空多路径制导误差的补偿原理，只要用 6 个不同载频就可计算获得真实的目标指向，然而，在实际计算过程中，由于式 (8.19) 相当复杂，再结合导引头天线方向图函数，要获得 ϕ_{TA} 直接的解析解难度巨大，同时也不利于工程实现，为此，本节将给出低空多路径制导误差补偿的简易方法。

　　不考虑中心频率影响，式 (8.13) 和式 (8.14) 简化为

$$S = A\Sigma(\varepsilon) + G_R\rho_s A e^{i\phi_s}\Sigma(\varepsilon - \theta_o) \tag{8.24}$$

$$D = A\Delta(\varepsilon) + G_R\rho_s A e^{i\phi_s}\Delta(\varepsilon - \theta_o) \tag{8.25}$$

式中，θ_o 表示目标偏差测器视线的夹角。

　　通过载频调整后，所获得的和路信息可表示为

$$S' = A\Sigma(\varepsilon) + G_R\rho_s A e^{i(\phi_s + \Delta\phi_s)}\Sigma(\varepsilon - \theta_o) \tag{8.26}$$

式中，$\Delta\phi_s = \dfrac{2\cdot\pi\cdot\Delta f}{c}(\sqrt{R_{mt}^2 + 4y_m y_t} - R_{mt})$。

　　假设 $\Delta\phi_{s\_max} = 2\pi$，并在 $0\sim 2\pi$，$\Delta\phi_s$ 均匀取 N 个相位点，并将所有的和路信号相加，可获得如下等式：

$$\begin{aligned}
S_{sum} &= \sum_{n=1}^{n=N} S_n \\
&= \sum_{n=1}^{n=N}[A\Sigma(\varepsilon) + G_R\rho_s A e^{i(\phi_s + \Delta\phi_{s\_n})}\Sigma(\varepsilon - \theta_o)] \\
&= NA\Sigma(\varepsilon) + G_R\rho_s A\Sigma(\varepsilon - \theta_o)e^{i\phi_s}\sum_{n=1}^{n=N}e^{i\Delta\phi_{s\_n}}
\end{aligned} \tag{8.27}$$

由于 $\Delta\phi_{s\_n}$ 均匀分布于 $[0, 2\pi]$，所以 $\sum\limits_{n=1}^{n=N}e^{i\Delta\phi_{s\_n}} \approx 0$，为此式 (8.27) 可简化为

$$S_{sum} \approx NA\Sigma(\varepsilon) \tag{8.28}$$

同理，将所有差路信号相加，可以获得

$$D_{\text{sum}} \approx NA\Delta(\varepsilon) \tag{8.29}$$

最终的雷达误差输出可以表示为

$$E_{\text{comp}} = \text{real}(D_{\text{sum}} / S_{\text{sum}})$$
$$\approx \text{real}[\Delta(\varepsilon) / \Sigma(\varepsilon)] \tag{8.30}$$

而对于相位变化最大点可表示为

$$\Delta\phi_{s\_N} = 2 \cdot \pi$$
$$= \frac{2 \cdot \pi \cdot \Delta f_{\max}}{c}(\sqrt{R_{\text{mt}}^2 + 4y_{\text{m}}y_{\text{t}}} - R_{\text{mt}}) \tag{8.31}$$

则最大频率跳变值为

$$\Delta f_{\max} = \frac{c}{\sqrt{R_{\text{mt}}^2 + 4y_{\text{m}}y_{\text{t}}} - R_{\text{mt}}} \tag{8.32}$$

均匀分布的各频率间隔为

$$\Delta f_{\text{setp}} = \Delta f_{\max} / (N-1) \tag{8.33}$$

8.6　补偿仿真分析

　　图 8.13 和图 8.14 分别给出了典型低空弹道情况下，光滑反射表面和非光滑反射表面情况下的目标真实指向、目标镜像真实指向、导引头实际指向和多路径效应补偿后导引头实际指向仿真比较图。仿真过程中，具体参数设置同表 8.2 所示。

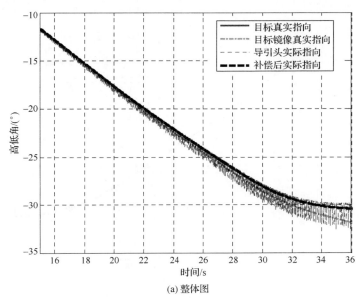

(a) 整体图

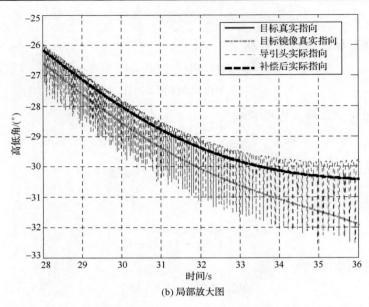

(b) 局部放大图

图 8.13　典型弹道多路径效应补偿效果图（光滑表面反射）（见彩图）

如图 8.13 和图 8.14 所示，采用 8.5 节多路径效应补偿简易实现方法后，导引头经多路径效应补偿后的实际指向与目标真实指向几乎重合，导引头可以较准确地指向目标而不受目标镜像的影响。然而在仿真过程中，基于导引头探测信号的频率跳变带宽和跳变间隔严格满足式 (8.32) 和式 (8.33) 的要求。图 8.15 给出了典型弹道情况下，为了实现多路径效应补偿，对导引头探测信号的最小频率带宽要求。

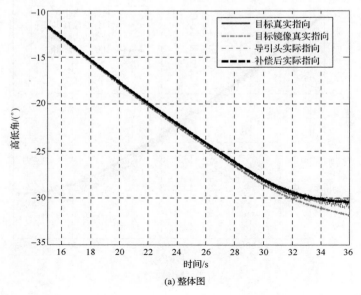

(a) 整体图

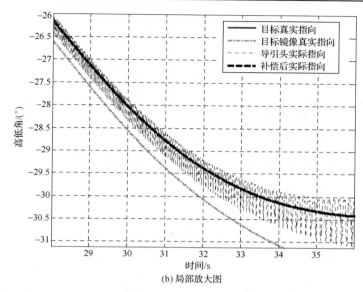

图 8.14　典型弹道多路径效应补偿效果图（非光滑表面反射）（见彩图）

　　如图 8.15 所示，在典型低空弹道情况下，对导引头制导探测信号的最小带宽要求，从 25MHz 左右不断递减，在实际工程实现过程中，如果可以实时根据导弹与目标的距离，以及导弹和目标镜像的距离精确调整探测信号带宽那么固然可以实现多路径效应的精确补偿，但是由于目标位置、导弹位置信息的获取都存在一定误差，同时，实时调整探测信号带宽也为导引头发射机的设计与实现增加了复杂度，为此，图 8.16～图 8.18 特别针对采用固定带宽的探测信号情况下的多路径效应补偿性能做了仿真。由于多路径影响越到弹道后段越恶劣，所以带宽的选取主要考虑弹道后段的多路径效应补偿，选取原则为尽量大于弹道中后段的带宽最小需求，若可达到整数倍，则更能满足多路径补偿的需求。以下仿真过程选取带宽为 25MHz，反射面为粗糙表面，参数设置同表 8.2。

　　在固定探测带宽下，由于不能严格满足 $\Delta\phi_{s\_N}=2\pi$，所以 $\sum_{n=1}^{n=N}e^{i\Delta\phi_{s\_n}}\neq0$。式（8.27）中由地/海面反射的镜像目标能量不能被完全抵消，特别是在探测信号子载波数较少的情况下，如图 8.16 所示，当 $N=4$ 时，由于在大于 2π 的相位周期内，没有获得足够的相位点数，导致地/海面反射的镜像目标能量的在整数倍 2π 相位范围内不能被完全抵消。随着子载波数的增加，式（8.27）中直接回波能量得到累加至 N 倍，而整数倍 2π 部分的地/海面反射的镜像目标能量会被完整抵消，只剩余小部分，以此原理实现多路径效应在固定探测带宽下的简易补偿效果。图 8.17 和图 8.18 分别给出了子载波数 $N=6$ 和 8 情况下的多路径补偿效果，比较图 8.16～图 8.18

可以发现，随着子载波数的增加，多路径效应补偿后，目标镜像对导引头探测的影响越小。

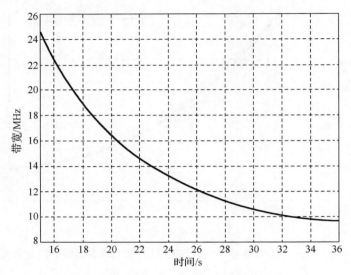

图 8.15　典型弹道下频率跳变带宽需求

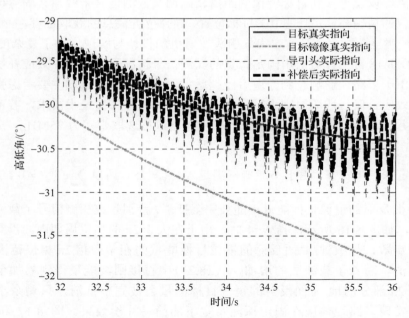

图 8.16　固定探测带宽多路径补偿效果($N=4$)（见彩图）

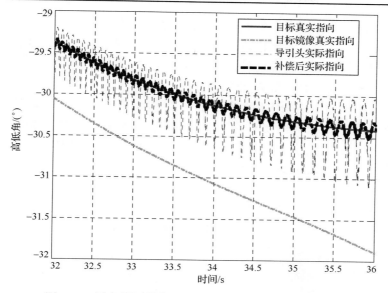

图 8.17　固定探测带宽多路径补偿效果(*N*=6)(见彩图)

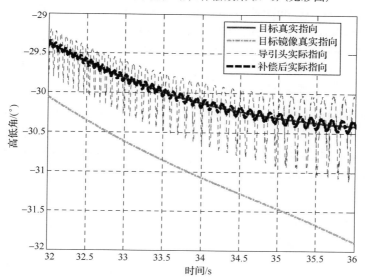

图 8.18　固定探测带宽多路径补偿效果(*N*=8)(见彩图)

8.7　小　　结

　　在低空战场环境下,由于受到多路径影响,导引头将接收到目标镜像回波能量,导致其无法正常截获和跟踪真实目标,多路径的影响程度与探测波形极化、探测擦地/海角、探测波形波长、反射表面介电常数和粗糙程度等因素息息相关。

　　基于多载波体制，可利用不同探测频点获得多个雷达误差值，建立多个方程提取多路径未知参量，实现多路径效应补偿的方法，并依据该原理，通过获取不同探测频点下不同相位延迟的镜像信号，又实现不同相位差下镜像信号的抵消，达到多路径效应补偿效果的简易实现方法[6]。

　　仿真结果表明，多路径效应补偿方法在导引头探测信号的频率跳变带宽和跳变间隔严格满足多路径补偿要求的情况下，可以有效补偿多路径效应对制导的影响，而当导引头探测信号选取最小补偿带宽需求的固定带宽时，也可显著改善制导效果，并且跳频点数越多，改善效果越好，当调频点数达到 8 以后，补偿效果趋于稳定。

参 考 文 献

[1]　丁鹭飞, 耿富录, 陈建春. 雷达原理[M]. 北京: 电子工业出版社, 2009: 8-10

[2]　朗 M W. 陆地和海面的雷达波散射特性[M]. 薛德镛, 译. 北京: 科学出版社, 1981

[3]　Mrstik A V, Smith P G. Multipath limitation on low-angle radar tracking[J]. IEEE transactions on Aerospace and Electronic Systems, 1978, 14(1): 85-102

[4]　Kupiec I. Compensation of Multipath Angular Tracking Errors in Radar[R]. Lexington: Lincoln Laboratory, 1974

[5]　Ewell G W, Alexander N T, Tomberlin E L. Investigation of Target Tracking Errors in Monopulse Radars[R]. Georgia: Engineering Experiment Station Georgia Institute of Technology, 1972

[6]　Gu G F, Chen C, Gu D D, et al. Multipath effects compensation for seeker based on multicarriers[C]. IET International Radar Conference, Hangzhou, 2015

第 9 章　MCPC 早期乳腺癌检测技术

9.1　概　　述

微波生物学成像和临床诊断在对人体伤害、设备体积、设备成本方面有着特有的优势[1-6]，表 9.1 为文献[1]给出的乳房典型组织的电磁特性，利用正常人体组织与癌变组织的电磁特性差异，可实现癌变组织的微波成像，达到癌细胞检测的目的，该技术可应用于早期乳腺癌检测。

表 9.1　乳房典型组织的电磁特性

乳房组织	相对介电常量	电导率
乳房皮肤	34.7	3.9
乳腺脂肪组织	9.8	0.4
肿瘤组织	50.8	4.8
导管和腺体	12.0	0.5
肋骨	50.0	7.0

本章将重点讨论将 MCPC 探测技术用于微波乳腺癌检测系统的可行性，分析其在成像品质、成像速率和杂波抑制方面的优势。

9.2　乳腺癌快速成像技术

9.2.1　问题描述

目前现有的乳腺癌检测系统的成像过程耗时均较长。图 9.1 展示了布里斯托大学在文献[2]中给出的共焦成像系统，为了获得较好的分辨力，该天线由几百个天线组成。在每次测量过程中，一个天线作为辐射信号，而其他天线作为接收阵列。整个测量过程将在阵列的所有天线中重复，以达到 0°～360° 所有范围内的目标对象成像。

图 9.2 给出的是文献[3]中讲述的另一种微波乳房成像系统，区别于图 9.1 中的共焦成像系统，该系统的天线将围绕乳房进行扫描式测量，图中给出的点，即为扫描过程中的测量点。

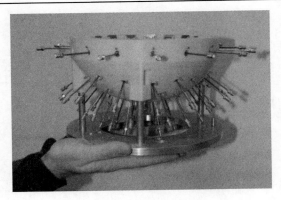

图 9.1　共焦成像系统

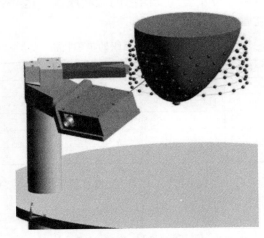

图 9.2　微波乳房成像系统

　　在实际系统实现过程中，为了获得更好的图像分辨力，捕捉更多细节，提高乳腺癌的发现能力，图 9.1 中的共焦成像系统需要更庞大的天线阵，图 9.2 中的微波乳房成像系统需要更多的扫描点，然而这也意味着更长的处理时间。就目前已有的这些系统的实现原理来讲，这种矛盾是无法避免的。

　　然而在长时间的测量过程中，测量物本身的运动将成为影响成像质量的重大因素。在医学成像系统中，病人活动可能的原因包括呼吸、情绪变化(如紧张)、生理发生变化(如疲劳等)。人体活动将导致成像模糊，也因此影响成像的灵敏度和分辨力[2]。文献[2]中给出了多种方法来降低病人在诊断过程中的活动，例如，将人体检测部位固定，或者采用 MRI 乳腺癌检测过程中采用的人体卧姿，病人脸朝下的方法。尽管此类方法在目前的检测过程中，对检测效果与成像质量起到一定作用，但是仍然不能从根本上解决该问题，较长的检测时间，此类防止人体过分活动的方法，反而使诊断过程用户体验更差，令人望而生畏，影响其推广、发展和其该发挥的医学作用。

9.2.2　多载波快速成像技术

鉴于目前乳腺癌检测系统所存在的问题，提高成像效率是微波乳腺癌成像系统发展的重中之重。

值得庆幸的是，MCPC 雷达探测信号具有快速成像的特点。第 2 章已经对 MCPC 探测信号的结构形式和特点作了相关介绍。

传统乳腺癌微波成像系统所用的信号，包括线性调频（Chirp）信号，超宽带极窄脉冲信号等，这些信号均无法用作并行成像处理。对于任意一个 $M \times M$ MCPC 脉冲信号，存在 $M!$ 个不同的相互独立的 M 序列用于调制载波。多个相互独立的序列可以使多个 MCPC 雷达探测设备在物理上接近无干扰的同时工作[7-12]。通过这种方式，注入图 9.1 中给出的乳腺癌检测系统如果采用了 MCPC 探测信号，则可以使系统中的天线同时工作。天线的个数将不再是系统耗时的决定性因素，基于天线密度的图像分辨力和系统处理耗时之间的矛盾参数设置也将不复存在。

MCPC 探测信号的探测、成像，以及并行工作性能，可以利用指标参数探测信号 PSL 和 I 来衡量。文献[7]中图 8 和图 17 分别给出了单个 MCPC 探测脉冲的 PSL 和典型 MCPC 探测脉冲间的 I。然而，对于并行工作的要求，特别是 MCPC 探测信号脉冲组能否满足乳腺癌同时检测与成像的要求，在同一组脉冲间同时比较 PSL 和 I 的性能将更加值得关注，也更具有代表意义。

9.2.3　性能分析

3.4.3 节给出了两个 MCPC 探测脉冲信号的 PSL 和 I 性能仿真结果，用于仿真的两个 MCPC 探测脉冲信号基于 P3 序列，各脉冲均由连续的 8 个间隔为 $32 \times t_b$ 的 8×8 的 MCPC 脉冲组成。依据仿真结果，两个 MCPC 信号的 PSL 均优于 28dB，I 优于 23dB，意味着两个探测信号可以近似无干扰的同步工作，也说明了 MCPC 探测信号可以实现多天线并行工作，快速乳腺癌成像是可行的。

9.3　乳腺癌检测杂波抑制技术

9.3.1　问题描述

图 9.3 给出了乳腺癌检测与成像的杂波源简易模型，检测设备由发射机和接收机组成，发射机发射微波信号后，经细胞反射由接收机接收分析处理，通过介电常量区分肿瘤细胞和正常细胞。但是健康人体组织的介电特性与恶性肿瘤组织相比不

一定有明显的区别,这导致恶性肿瘤组织的散射特性不能显著区别于人体健康组织,人体健康组织在探测和成像过程中将形成杂波,增加了癌细胞检测的难度[13]。

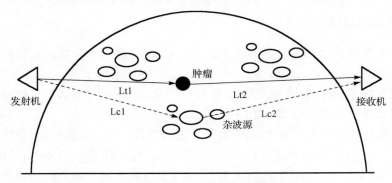

图 9.3　乳腺癌检测与成像杂波源简易模型

本章节将基于多载波技术提出杂波自抑制理论用以提高乳腺癌成像系统的灵敏度和成像质量。

9.3.2　乳腺癌检测杂波抑制技术

如图 9.3 所示,在乳腺癌症探测成像过程中,从发射机到接收机存在两个信号链路:其中一个链路照射信号由发射机发射后,经肿瘤块反射,由接收机接收,该信号链路可用于完成肿瘤细胞的检测和成像,属于有效链路;另外一个链路照射信号由发射机发射后,经正常人体组织反射,由接收机接收,接收机接收到的该信号链路下的信号为杂波信号,会影响和干扰肿瘤系统的检测和成像,需要得到掉抑制。

(1)如果用于实现乳腺癌探测的信号为单载波信号,则成像系统接收机接收到的信号能量将分别由肿瘤回波信号和杂波信号组成,并可以表示为

$$P = P_{\text{tumor}} + P_{\text{clutter}}$$
$$= A \cdot e^{i(\omega t + \phi_t)} + A \cdot G_{\text{clutter}} \cdot e^{i(\omega t + \phi_t + \phi_s)} \qquad (9.1)$$

式中,P_{tumor} 表示肿瘤回波信号;P_{clutter} 表示杂波信号;ϕ_t 表示由肿瘤细胞带来的相位延迟;G_{clutter} 和 ϕ_s 分别表示由不同信号链路和组织特性导致的幅度和相位差异,ϕ_s 可表示为

$$\phi_s = 2 \cdot \pi \cdot \frac{(\text{Lt1} + \text{Lt2} - \text{Lc1} - \text{Lc2})}{\lambda}$$
$$= 2 \cdot \pi \cdot \frac{\Delta R}{\lambda}$$
$$= 2 \cdot \pi \cdot \frac{\Delta R \cdot f}{c} \qquad (9.2)$$

式中，c 是光速；f 是载波频率。如果对载波频率作出调整，式 (9.2) 可表示为

$$\phi_s' = \frac{2 \cdot \pi \cdot (f + \Delta f)}{c} \Delta R \tag{9.3}$$

式中，Δf 是频率变化值，则 ϕ_s 由此产生的相位变化可表示为

$$\Delta \phi_s = \frac{2 \cdot \pi \cdot \Delta f}{c} \Delta R \tag{9.4}$$

假设通过改变探测信号的载波频率存在一组 $\Delta \phi_s$，即 $\{\Delta \phi_{sn}, n=1, \cdots, N\}$，同时所有 $\Delta \phi_{sn}$ 在 0 至 2π 之间均匀分布。在此种情况下，当相位差异为 2π 时，载波频率的变化间隔最大，可表示为

$$\frac{2 \cdot \pi \cdot \Delta f_{max}}{c} \Delta R = 2\pi$$
$$\Delta f_{max} = \frac{c}{\Delta R} \tag{9.5}$$

同时对每个 $\Delta \phi_{sn}$，都存在一个载波频率值，载波间的频率间隔可表示为

$$\Delta f_{step} = \frac{\Delta f_{max}}{N}$$
$$= \frac{c}{N \cdot \Delta R} \tag{9.6}$$

(2) 如果采用多载波信号用于乳腺癌探测与成像，则系统接收机接收到的信号能量可表示为

$$\begin{aligned}
P_{sum} &= \sum_{n=1}^{N} (P_{tumor} + P_{clutter}) \\
&= \sum_{n=1}^{N} A \cdot e^{i(\omega t + \phi_t)} + \sum_{n=1}^{N} A \cdot G_{clutter} \cdot e^{i(\omega t + \phi_t + \phi_{sn})} \\
&= N \cdot A \cdot e^{i(\omega t + \phi_t)} + A \cdot G_{clutter} \cdot e^{i(\omega t + \phi_t)} \sum_{n=1}^{N} e^{i\phi_{sn}}
\end{aligned} \tag{9.7}$$

由于假设相位组 $\Delta \phi_{sn}$ 在 0 至 2π 之间均匀分布，所以 $\sum_{n=1}^{N} e^{i\Delta\phi_{sn}} \approx 0$，则式 (9.7) 可简化为

$$\begin{aligned}
P_{sum} &= N \cdot A \cdot e^{i(\omega t + \phi_t)} + A \cdot G_{clutter} \cdot e^{i(\omega t + \phi_t)} \sum_{n=1}^{N} e^{i\phi_{sn}} \\
&\approx N \cdot A \cdot e^{i(\omega t + \phi_t)} + A \cdot G_{clutter} \cdot e^{i(\omega t + \phi_t)} \cdot 0 \\
&\approx N \cdot A \cdot e^{i(\omega t + \phi_t)}
\end{aligned} \tag{9.8}$$

如式 (9.8) 所示，通过多载波成像方法，杂波分量 $A \cdot G_{\text{clutter}} \cdot \mathrm{e}^{\mathrm{i}(\omega t + \phi_s)} \sum\limits_{n=1}^{N} \mathrm{e}^{\mathrm{i}\phi_{sn}}$ 得到了自我抑制。

如式 (9.5) 和式 (9.6) 所示，在实际的系统实现过程中，载波频率的间隔设置与 ΔR 有关，所以 MCPC 探测信号可以正对特定区域实现杂波抑制，这是该信号的另一特点和优势。

9.3.3　性能分析

关于基于多载波原理的乳腺癌检测过程中的杂波抑制技术在 9.3.2 节已作了详细的理论分析。检测过程中，杂波信息的引入，也可理解为探测信号发射与接收过程中的多路径效应，关于 MCPC 探测信号自我抑制多路径杂波能力的分析和确认，已在文献[14]中给出的雷达探测系统中有详细描述，所以关于这一主题的仿真分析结果就不再赘述。

9.4　小　　结

本章将基于正交频率复用技术的 MCPC 雷达探测信号应用于乳腺癌探测系统的并行探测快速处理。分析和仿真结果表明 MCPC 脉冲信号的 PSL 均优于 28dB，I 优于 23dB，可以实现探测信号间近似无干扰的同步工作，可使快速乳腺癌成像成为可能。

MCPC 探测信号在实现乳腺癌探测和成像过程中，具有对选定区域自我杂波抑制的能力，该能力可以在不降低系统分辨率或者额外增加系统功率的前提下，提升系统探测的灵敏度和增加成像质量。

参 考 文 献

[1]　徐立. 早期乳腺癌肿瘤的超宽带微波检测方法研究[D]. 天津: 天津大学, 2013

[2]　Nikolova N K. Microwave imaging for breast cancer[J]. IEEE Microwave Magazine, 2011, 11: 78-94

[3]　Fear E C, Stuchly M A. Microwave detection of breast cancer[J]. IEEE Transaction on Microwave Theory and Techniques, 2000, 48(11): 1854-1862

[4]　史松伟, 沈荣, 杨革文, 等. 同时极化捷变频多载波调相雷达技术研究[J]. 现代雷达, 2011, 33(6): 8-12

[5]　Fear E C, Hagness S C, Meaney P M, et al. Enhancing breast tumor detection with near-field imaging[J]. IEEE Microwave Magazine, 2002, 3: 48-56

[6]　Fear E C, Bourqui J, Curtis C, et al. Microwave breast imaging with a monostatic radar-based system: a study of application to patients[J]. IEEE Transactions on Microwave Theory and Techniques, 2013, 61(5): 2119-2128

[7]　Levanon N. Multifrequency complementary phase-coded radar signal[J]. IEE Proceedings-Radar, Sonar and Navigation, 2001, 147(6): 276-284

[8]　Gu C F, Law C L, Wu W. Time domain IQ imbalance compensation for wideband wireless systems[J]. IEEE Communications Letters, 2010, 14(6): 539-541

[9]　Levanon N. Multicarrier radar signals-pulse train and CW[J]. IEEE Transactions on Aerospace and Electronic Systems, 2002, 38(2): 707-720

[10]　Gu C F, Law C L, Wu W. Improved way to generate multicarrier complementary phase-coded(MCPC) radar signal with higher resolution and immunity[J]. Chinese Journal of Electronics, 2010, 19(3): 574-578

[11]　Levanon N, Mozeson E. Radar Signals[M]. New York: Wiley Press, 2004

[12]　Abedin M J. ML based time reversal microwave imaging for the localisation of breast tissue malignancies[C]. IEEE Antennas and Propagation Society International Symposium (APSURSI), Toronto, 2010: 1-4

[13]　Gu D D, Gu C F, Zhou G M, et al. Early breast cancer detection based on multicarrier techniques[C]. IET International Radar Conference, Hangzhou, 2015

[14]　Gu C F, Chen C, Gu D D, et al. Multipath effects compensation for seeker based on multicarriers[C]. IET International Radar Conference, Hangzhou, 2015

第 10 章　系统设计、仿真与验证技术

10.1　概　　述

本章将分别从设计仿真技术和系统半实物仿真与验证技术两个方面依据研发流程介绍适用于多探测系统研发的通用设计与验证平台。

10.2　设计仿真技术

10.2.1　数字设计仿真平台

书中关键技术设计与仿真所涉及平台工具主要包括 MathWorks 公司的 MATLAB，Agilent 公司的 ADS（Advanced Design System），三维电磁场仿真软件 CST 等。各软件各有特点，用于不同的设计阶段。

CST 软件主要完成了准光功率合成器的设计，如图 10.1 所示为准光功率合成器在 CST 设计环境下的实际截图。

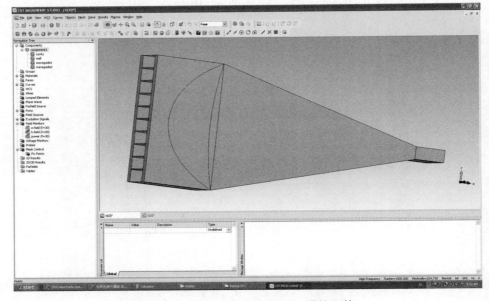

图 10.1　准光功率合成器 CST 设计环境

　　再以 MATLAB 为例，在设计初期可利用其计算便利性完成 MCPC 雷达信号的波形设计、参数分析、低 PMEPR 设计等，同时可利用其相关模型完成功率放大器非线性影响、IQ 不平衡影响、多路径影响等分析[1]。

　　如图 10.2 所示为 MATLAB 软件 Simulink 环境下，系统射频前端影响模型选择界面，其中包括空间损耗模型、IQ 不平衡模型、功率放大器非线性模型、相噪模型等。4.2.2 节讨论的功率放大器非线性效应分析，可以选择图 10.2 中的"Memoryless Nonlinearity Cubic Polynomial"功率放大器非线性模型(图 10.3)，利用图 10.4 所示的参数设置界面，在"Method"属性，选择"Saleh model"，并对幅度失真"AM/AM"参数和相位失真"AM/PM"参数进行设置，实现功率放大器非线性效应对 MCPC 信号的影响分析。图 10.5 给出了 Saleh 放大器非线性模型实现原理图。

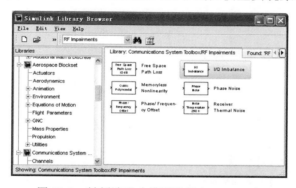

图 10.2　射频端影响模型选择(MATLAB)

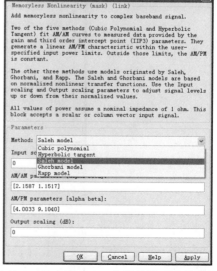

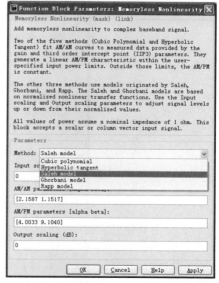

图 10.3　功率放大器非线性影响模型(MATLAB)　　　图 10.4　放大器 Saleh 非线性模型参数设置

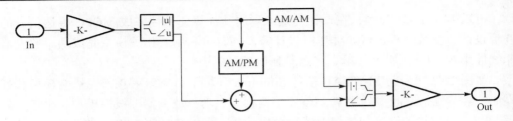

图 10.5　Saleh 放大器非线性模型原理图

书中 7.2 节讨论的 I/Q 不平衡模型，可以选择图 10.2 中的"I/Q Imbalance"模型(图 10.6)，利用图 10.7 所示的参数设置界面，在"I/Q amplitude imbalance(dB)"属性中设置 I/Q 幅度不平衡参数，实现 I/Q 不平衡对 MCPC 探测系统的影响分析。

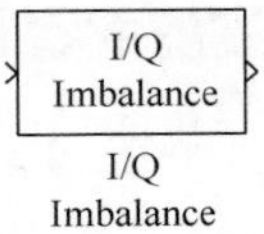

图 10.6　I/Q 不平衡影响模型(MATLAB)

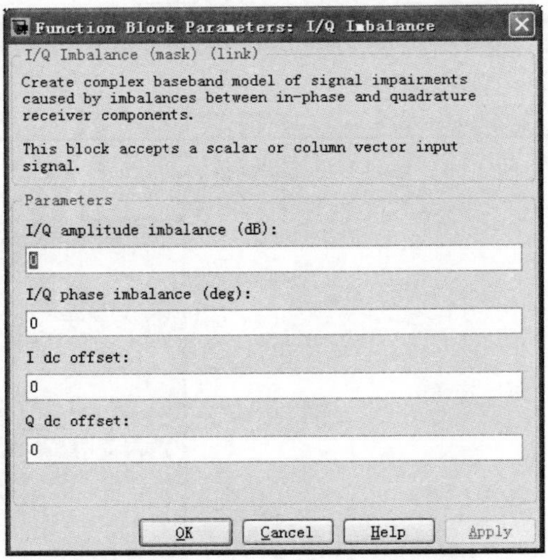

图 10.7　IQ 不平衡影响模型参数设置

同理，8.2 节讨论的低空多路径影响分析，可以选择图 10.8 中的"Multipath Rayleigh Fading Channel"模型(图 10.9)，可利用图 10.10 所示的参数设置界面，在"Maximum Doppler shift(Hz)"属性中设置最大多普勒频移参数，在"Doppler spectrum type"属性中设置多普勒频谱类型，在"Discrete path delay vector"中设置传输路径延时等参数实现低空多路径影响分析。

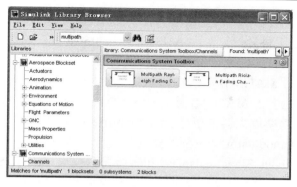

图 10.8　多路径模型选择(MATLAB)

图 10.9　Rayleigh 多路径模型功能模块

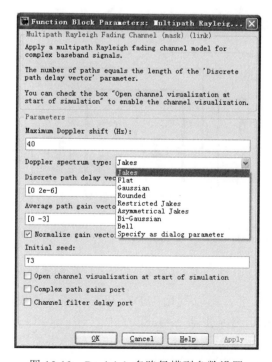

图 10.10　Rayleigh 多路径模型参数设置

　　相关专项技术所应用的模型，在 ADS 软件中同样可以找到，相比较而言 MATLAB 软件适用于科学计算，而 ADS 软件用于系统仿真效率较高也较为便利。为了达到各取所长的目的，充分发挥各软件的特点，还可以采取联合仿真的方式。图 10.11 给出了利用 MATLAB 和 ADS 软件对 MCPC 雷达系统联合仿真的 ADS 部分，如图中所示已包含了 MATLAB 接口（Read Data from MATLAB、Output Data for MATLAB）、系统的功率放大器模型（Power Amplifier）、IQ 调制模型（I-Q Modulator）、IQ 解调模型（I-Q Demodulator）、系频率捷变频率合成器模型（LO with Phase Noise）、数据输出显示（Received Signal Display）和频谱显示模块（Signal Spectrum Display）等。图 10.12 所示为 ADS 仿真环境下得到的接收端 8 个 MCPC 雷达脉冲时域信号包络[2]。

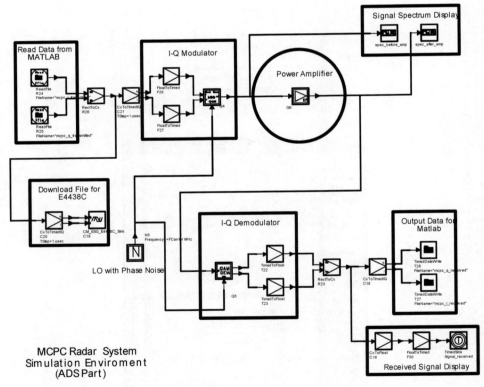

图 10.11　MCPC 雷达系统仿真环境 ADS 部分

　　在初步仿真的基础上，可以利用 ADS 开发环境下的模块 Download File for E4438C 用于控制矢量信号发生器 E4438C 直接产生 MCPC 探测波形，用于验证设计效果。如图 10.13 所示为矢量信号发生器 E4438C 的实物照片，图 10.14 为用于信号采集的示波器 Wavepro 7000 实物照及所采集的 8 个 MCPC 雷达脉冲信号。

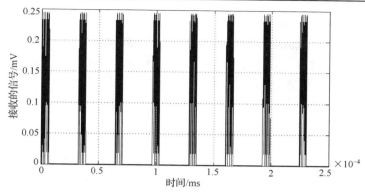

图 10.12　ADS 仿真环境下得到的接收端 8 个 MCPC 雷达脉冲时域信号包络

图 10.13　矢量信号发生器 E4438C 实物照片

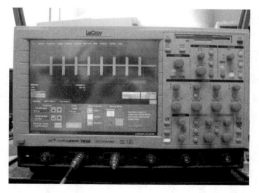

图 10.14　用于信号采集的示波器 Wavepro 7000 实物照及所采集的 8 个 MCPC 雷达脉冲信号

10.2.2　部件级半实物设计仿真平台

在完成波形设计和产生的基础上，可以进行一些初步的半实物仿真验证，以下以功率放大器的非线性影响分析和补偿验证为例，介绍部件级半实物仿真试验平台的实现方式[2]。

图 10.15 给出了用于功率放大器非线性影响分析和非线性补偿验证的部件级半实物

设计仿真试验平台功能框图,如图中所示由 MCPC 雷达信号发生器产生 MCPC 探测信号经过功率放大器后,由数据采集示波器 Wavepro 7000 接收信号,再利用 MATLAB 对所接收的信号作分析处理和非线性补偿验证。其中 MCPC 雷达信号发生器由 MATLAB 工作环境和 ADS 设计系统完成联合设计后控制矢量信号发生器 E4438C 实现。

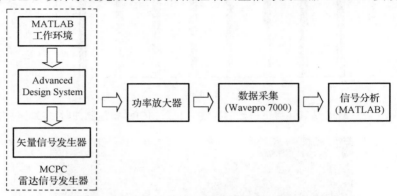

图 10.15　部件级半实物设计仿真试验平台功能框图

图 10.15 中的验证平台同样可以用于宽带系统 IQ 不平衡影响分析和补偿技术验证分析等,只要将图 10.11 中的相关 IQ 调制和解调模型作一参数设置即可。同理,MCPC 低 PMEPR 设计与验证、频率捷变探测波形设计与验证、多路径效应影响分析和补偿技术性能验证、遮挡影响分析、抗遮挡技术的设计与验证等均可以用以上平台作部件级的半实物仿真试验。

图 10.16 和图 10.17 分别给出了经正交解调后的实测 MCPC 雷达 I 路信号和实测 MCPC 雷达信号一维距离成像与理想 MCPC 信号自相关函数比较图。所用信号与图 2.3 中的一致,为了提高 MCPC 信号单个脉冲的采样点数,提高信噪比,采用了 256 点的 IFFT(32 倍过采样),数据率为 100MHz。由图 10.17 可以发现实测 MCPC 雷达信号一维距离成像的主旁瓣比(虚线)与理想 MCPC 信号自相关函数主旁瓣比(实线)非常接近。

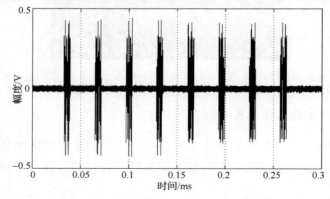

图 10.16　经正交解调后的实测 MCPC 雷达 I 路信号

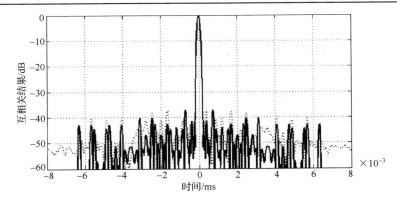

图 10.17　实测 MCPC 雷达信号一维距离成像(虚线)与理想 MCPC 信号自相关函数(实线)比较图

10.3　系统半实物仿真与验证技术

在完成 MCPC 探测系统设计、关键技术攻关和部件级半实物设计仿真的基础上，需要对探测器整体完成动态的半实物仿真测试，对于制导控制仿真系统而言，制导控制半实物仿真试验更是制导系统的主要设计与评价手段。半实物仿真主要包括注入和空间辐射两种方式[3-17]。

10.3.1　注入式半实物仿真技术

区别于部件级半实物设计仿真平台,注入式半实物仿真属于整机系统级半实物,除探测回波、背景干扰等信号不采用空馈，直接注入产品接收机外，与空馈式半实物仿真系统基本一致；较数字仿真，由于引入了产品实物，具有较高的置信度；而较部件级半实物仿真平台，又属于系统整机级仿真，在保证一定置信度的基础上，可用于产品研制完成初期样机或初样阶段，大量的系统功能和逻辑试验。由于无需建设暗室和飞行转台，系统成本低，试验效费比高。

本节将重点介绍注入式半实物仿真系统的组成，传统注入式仿真系统和数字注入式仿真系统的设计方法，以及两种仿真方式实现上的特性差异。

1.　注入式半实物仿真系统组成

图 10.18、图 10.19 中给出了传统注入式制导控制仿真系统组成图和单通道雷达回波信号模拟系统框图。如图 10.18 所示，注入式制导控制仿真系统中，通过雷达回波信号模拟器产生目标回波模拟信号直接注入至导引头接收机，而在目标回波产生过程中，基于比幅单脉冲原理，需要 1 路 "和(Σ)"，2 路 "差Δ" 总共 3 路信号用于模拟目标的角度信息。图 10.19 给出了单通道雷达目标回波信号生成器功能框图，

如图中所示，将目标回波模拟信号在射频端直接功分为 3 路，分别对应了"和"信号与"差"信号，各路利用移相器和衰减器，控制信号的幅度和相位，动态模拟目标的理论距离和方位。文献[1]对系统的组成和功能进行了简要说明，而针对除包含单个目标信号通道以外的多目标信号，以及复杂电磁环境模拟，包括干扰、杂波信号的模拟，书中提出了 $N×3$ 的方式，无限制扩大系统通道数，这从系统可扩展性、成本、体积、功耗等角度均存在较大缺陷。

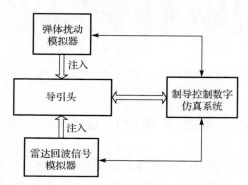

图 10.18　注入式制导控制仿真系统组成图

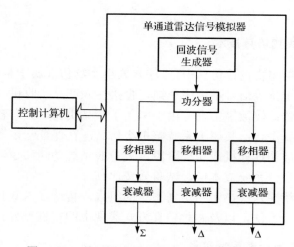

图 10.19　单通道雷达回波信号模拟系统框图

为此，本节在分析传统多通道模拟源设计方式所存在缺陷的基础上，基于数字技术，提出多通道注入式雷达信号模拟源低成本设计方案，在给出系统架构和实现方式的同时，分析该系统的低成本和实用化特点，为注入式制导控制仿真系统的实际工程应用提供参考。

2. 传统注入式仿真系统

在图 10.19 给出的单通道雷达回波信号模拟系统框图的基础上，设计多通道雷达回波信号模拟源，其组成框图如图 10.20 所示，由 N 个单通道雷达信号模拟器组成，每个单通道雷达信号模拟器输出"和"、"差"3 路信号，各通道的"和"、"差"信号分别由 3 组功率合成器合成最终 3 路"和"、"差"路信号输出。

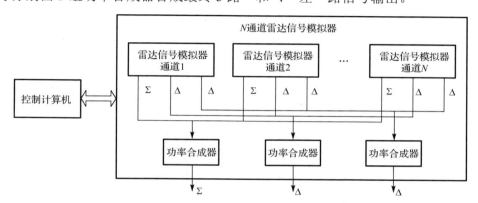

图 10.20　传统 N 通道雷达回波信号模拟系统框图

传统多通道雷达回波信号模拟系统问题在于除控制计算机外，各通道均是独立实现，没有复用模块，随着系统通道数的增加，包括回波信号生成器、功率分配器(简称功分器)、移相器和衰减器在内的各个组件均是 $N–1$ 倍增加，由于各个组件均为微波元件，体积庞大的同时，硬件成本也是随着通道数的增加，成倍增加。

同时，随着通道数增加，末端总的 3 路功率合成器单元也会变得体积庞大，结构异常复杂。若以使用 2 合 1 的功率合成器为例，2 个回波通道合成一个"和"路信号只要 1 个功率合成器，3 个回波通道就需要 2 个，以此类推 N 个通道单单输出 1 个"和"路信号就需要 $N–1$ 个功率合成器，再加上 2 个"差"路信号，总共需要 $3×(N–1)$ 个功率合成器。

3. 数字化注入式仿真系统

针对传统多通道雷达回波信号模拟系统随着通道数增加，系统体积不断庞大，成本成倍增加的特点，图 10.21 首先给出了单通道雷达回波信号模拟系统低成本设计框图。如图所示，区别于图 10.20 中给出的在射频端将回波信号分成"和"、"差"3 路的方案，提出将回波信号模拟的基带数字信号直接功分，并在数字域完成相位和幅度的控制，达到目标角度模拟的目的，3 路"和"、"差"数字信号由输出单元转换为模拟信号后，各路通过上变频器转换至射频段，最后由幅相控制单元，完成相位和幅度的末端调整，最后输出 3 路雷达目标模拟信号。通道的基带信号模拟器均在数字域完成 3 通道的模拟[18]。

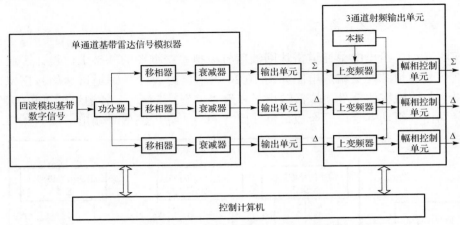

图 10.21　单通道雷达回波信号模拟系统低成本设计框图

而针对 N 通道雷达回波信号模拟系统的实现，图 10.22 在图 10.21 单通道设计的基础上，给出了低成本设计方案框图。如图所示，N 个通道"和"、"差"总共 $3\times N$ 路信号的模拟均在数字域完成，并在数字域实现 N 路信号的合成，合成后的 3 路"和"、"差"数字信号由输出单元转换为模拟信号后，各路通过上变频器转换至射频段，最后由幅相控制单元，完成相位和幅度的末端调整，最后输出 3 路雷达目标模拟信号。由于多通道的模拟实现在数字域实现，可充分利用目前较流行的如 FPGA 等数字平台的资源，在硬件结构不变的情况下，实现多通道目标回波信号的模拟。

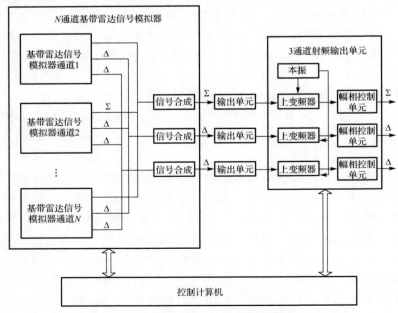

图 10.22　N 通道雷达回波信号模拟系统低成本设计框图

比较图 10.22 和图 10.21，N 通道雷达目标回波信号模拟与单通道相比硬件结构并没有发生变化，系统体积和硬件成本并没有随着通道数的增加而增加，唯一的区别在于数字平台的软件实现方式上的区别，系统通道数将不再受限于体积与硬件成本等因素，大大增加了系统的扩展性。

4.　注入式仿真系统特性分析

为了进一步说明本节所提出的多通道注入式雷达信号模拟源设计方案的特点，表 10.1 和表 10.2 分别对传统设计和低成本设计 2 种方案在单通道和 N 通道两种情况下硬件耗费情况进行了分析对比。如表 10.1 所示，在单通道情况下，两种实现方式，在硬件耗费上没有明显差异，如数字平台 1:1，移相器（射频段）3:3，功率控制单元（衰减器等）3:3；而在 N 通道的情况下，如表 10.2 所示，书中提出的设计方法，并没有增加硬件开销，而传统实现方式在主要的部件上均增加了 $N-1$。

表 10.1　单通道雷达回波信号模拟器硬件耗费比较

比较内容	传统方式	低成本方式
数字平台	1	1
移相器（射频段）	3	3
功率控制单元（衰减器等）	3	3
功分器（射频段）	1	0
功率合成器	0	0
输出单元	1	3

表 10.2　N 通道雷达回波信号模拟器硬件耗费比较

比较内容	传统方式	低成本方式
数字平台	N	1
移相器（射频段）	$3 \times N$	3
功率控制单元（衰减器等）	$3 \times N$	3
功分器（射频段）	N	0
功率合成器	$N-1$	0
输出单元	1	3

从系统实现的体积、硬件成本，以及后续通道的可扩展性等几个方面，书中所提出的多通道注入式雷达信号模拟源设计方案均存在较大优势。

10.3.2　空间辐射式半实物仿真技术

图 10.23 给出了典型空间辐射式半实物仿真系统组成框图。如图所示，除探测器本身外，空间辐射式半实物系统包含微波暗室、背景模拟、目标模拟、中央控制器、探测器监测设备、运动特性模拟等几大模块。其中，背景模拟包含了有源/无源

干扰模拟器、杂波模拟器、大气衰减模拟等；目标模拟包含了多目标模拟、角闪烁模拟、电磁特性模拟和动态 RCS 模拟等；运动特性模拟又需要针对典型探测器运动方式建立相应的运动特性模型等。

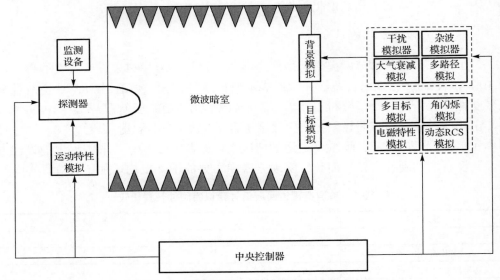

图 10.23　典型空间辐射式半实物仿真系统组成框图

空间辐射式通常用于产品研制后期模拟探测器完整的动态探测过程，其置信度为上述几种仿真方式中最高的一种，也是目前应用较为广泛的一种半实物仿真方式，具体可参见参考文献[11]～[18]。

10.4　小　　结

针对探测的不同研制阶段，所用到的设计验证手段包括了设计仿真技术和系统半实物仿真与验证技术。其中，设计仿真技术包括了数字设计仿真平台和部件级半实物设计仿真平台；系统半实物仿真与验证技术分别包括了注入式和空间辐射式半实物仿真技术。

数字设计仿真平台用于设计初期，如部件的初期仿真设计、探测波形设计、参数分析等关键技术分析等，可选择的商用软件包括了计算分析的 MATLAB，射频部件设计和系统仿真分析的 ADS，以及部件设计分析的 CST 等；部件级半实物设计仿真平台用于部件级关键部件和技术的功能、性能验证。

注入式半实物仿真技术用于产品的样机和初样阶段大量的系统功能和逻辑试验，在保证一定置信度的同时，具有高效、低成本的特点，书中给出传统注入式仿真系统方案的同时，基于数字化技术，给出了具有低成本特点的多通道射频注入式仿真系统设计方案，可为探测系统注入式仿真系统的工程实现提供借鉴。

空间辐射式半实物仿真技术用于产品研制后期用于模拟探测器完整的动态探测过程，具有较高的置信度。

在探测器的研制过程中，可依据不同的研制进程作相应的选择。

参 考 文 献

[1] MathWorks. Matlab help file[EB]. http://www.mathwork.com[2008-8-7]

[2] 顾村锋. 多载波补码相位编码雷达的关键技术研究[D]. 南京：南京理工大学，2010

[3] 安红，文德平. 比幅注入式仿真系统控制软件的设计与实现[J]. 电子对抗技术，1999，1(14)：15-20

[4] 安红，高志成，唐波. 射频注入式动态电子战威胁环境仿真系统[J]. 电子对抗技术，2001，16(5)：38-42

[5] 丹梅，冯德军，刘进，等. 反导相控阵雷达注入式半实物仿真方法研究[J]. 航天电子对抗，2008，24(4)：58-61

[6] 崔新风，张德锋，武忠国，等. 雷达侦察装备注入式半实物仿真试验方法研究[J]. 舰船电子对抗，2013，36(6)：73-77

[7] 付云，谢军伟，张启亮，等. 射频注入式雷达抗干扰性能评估研究[J]. 控制与制导，2011，8：83-86

[8] 王柏杉，杨连洪. 射频注入式雷达信号环境模拟器[J]. 舰船电子对抗，2002，25(6)：27-31

[9] 肖秋. 基于仪表和 ADS 软件的雷达半实物仿真系统介绍[J]. 火控雷达技术，2006，35：40-42

[10] 刘清成，李兴国，朱莉. 调频毫米波近程雷达半实物仿真综合测试系统研究[J]. 仪器仪表学报，2009，30(6)：1186-1189

[11] 王辉，王力，胡浩，等. 高分辨成像雷达半实物仿真技术研究[J]. 计算机仿真，2014，31(2)：349-352

[12] 崔念，张江华，磨国瑞，等. 雷达导引头视线角速度半实物仿真[J]. 火控雷达技术，2013，42(1)：13-16

[13] 刘佳琪，周岩，王国玉，等. 雷达电子战半实物仿真系统[J]. 导弹与航天运载技术，2006，6：29-32

[14] 肖卫国，尔联洁. 雷达寻的制导半实物仿真系统的关键技术研究[J]. 计算机仿真，2004，24(6)：272-275

[15] 刘烽，初昀辉，许家栋，等. 一种 PD 雷达半实物仿真系统的研究[J]. 西北工业大学学报，2002，20(1)：58-61

[16] 刘峰，龙腾，曾涛. 一种半实物雷达仿真系统硬件体系结构设计和应用[J]. 系统仿真学报，2006，18：643-645

[17] 王海锋，安丰增. 主动雷达空空导弹半实物仿真有源干扰实现方法[J]. 航空兵器，2007，1：32-35

[18] 吴宇，顾村锋，赵学州. 低成本多通道注入式雷达信号模拟源设计方法. (已被舰船电子工程 录用)

结　束　语

区别于传统的宽带探测信号，包括极窄脉冲相位调制信号、线性调频信号、频率步进信号，MCPC 雷达探测信号，利用经相位编码调制的多个正交载波信号实现高分辨探测，其模糊函数呈图钉型，除了具有较高的分辨率，其产生便利，易于与高速通信技术、极化技术、其他宽带技术(如频率捷变)结合，同时在对抗宽带 IQ 不平衡、低空多路径效应等领域有其独特的优势。

从系统处理时间、探测多普勒容忍度、相位噪声影响等角度综合分析，MCPC 雷达信号在提高距离分辨力和多普勒分辨力过程中遇到矛盾的参数设置问题。结合过采样技术的改进型 MCPC 雷达信号生成方法可使得 MCPC 雷达信号具有不变的多普勒分辨力和信号 PMEPR、提高的距离分辨力和多普勒容忍度，以及更高的载波间相位噪声互干扰免疫力的特点。改进型 MCPC 雷达信号还解决了零中频结构下存在的 DC offset 影响问题。

同时极化频率捷变 MCPC 雷达系统所展示的不只是一种 MCPC 探测系统实现方式，更是一种将 MCPC 探测信号波形与极化技术，以及频率捷变探测技术有效结合的典型实例。

然而由于 MCPC 信号的多载波特性，以及脉冲体制的探测方法，MCPC 探测系统均将遇到高 PMEPR 和探测遮挡两个问题。在保证探测系统高效率的前提下，MCPC 高 PMEPR 问题将使 MCPC 探测信号强制限幅，同时探测信号受到功率放大器非线性效应的影响，信号的失真将直接影响探测质量，通过子载波加权的方法可以实现 MCPC 探测信号的低 PMEPR 设计，利用单个 MCPC 雷达信号脉冲连续发射两次的信号结构和回波信号自相关信息来提取参数，实现对功率放大器的非线性效应的实时补偿方法，不仅使非线性补偿过程免受多普勒和噪声影响，且保留了信号中的多普勒信息。与此同时，准光功率合成器的应用是 MCPC 雷达发射机解决 PMEPR 问题较有效的措施，其使用带宽可以达到 10GHz 以上，合成效率可以达到 90%以上。对于遮挡问题，目前已公开发表的可利用的抗遮挡技术中，变重频、遮挡外推和遮挡预判 3 项抗遮挡技术有其自身的特点和适用场合，通过分析发现对于宽带体制的导引头可采用变重频抗遮挡技术，彻底解决遮挡问题；而对于窄带体制的导引头可结合遮挡外推和遮挡预判技术降低遮挡对导引头和制导系统的影响。在实际工程应用中，多种抗遮挡技术的综合运用是未来抗遮挡技术研究的重要发展方向。

相反，由于 MCPC 探测信号的多载波和信号间相互独立的特性，其在对抗宽带 IQ 不平衡、低空多路径效应等领域有其独特的优势。通过将 MCPC 雷达信号频带细分，并利用雷达回波信号与原发射信号的互相关函数来提取 IQ 不平衡参数可有效实现宽带和低信噪比的情况下宽带 IQ 不平衡度实时补偿；同时，基于多载波体制，可利用不同探测频点获得多个雷达误差值，建立多个方程提取多路径未知参量，实现多路径效应补偿，并依据该原理，通过获取不同探测频点下不同相位延迟的镜像信号，可实现不同相位差下镜像信号的抵消，达到多路径效应补偿效果的简易实现方法。

作为 MCPC 探测技术的应用，乳腺癌检测可以凸显该技术特有的优势，利用MCPC 宽带探测技术在实现较高成像分辨率的同时，利用各编码调制信号间的独立性，实现并行探测信号处理，达到快速成像的目的；同时鉴于 MCPC 探测信号多载波探测的特性，利用多路径效应补偿技术，可使探测系统具有可区域选择的杂波自我抑制能力，提高肿瘤细胞成像质量的同时，又可减少病人检测时间，提高用户体验。

针对探测的不同研制阶段，可选择不同的设计验证手段，设计初期可利用MATLAB、ADS，CST 等商用软件进行初步的探测波形设计、参数分析，以及系统的数字仿真；完成部件的生产或者关键技术攻关后，可利用部件及半实物设计仿真平台实现关键部件和技术的功能、性能验证；产品的样机和初样阶段注入式半实物仿真技术可用于产品的大量的系统功能和逻辑试验；产品研制后期可利用空间辐射式半实物仿真技术模拟探测器完整的动态探测过程，验证整体功能和性能，提高设计置信度。

MCPC 探测技术作为探测领域的一颗新星，从其实现方式、所存在的不足，以及特有的优势都有待不断深入研究和探讨，书中的内容希望能起到抛砖引玉的作用，也真诚地希望行内专家和读者来信批评指正，不吝赐教，让 MCPC 这一全新的探测技术能得到进一步的发展，相信其独特的探测优势，能在探测领域发光放彩，发挥其应有的作用。

缩略词表

ADC	Analog-to-Digital Convertor	模数转换器
ADS	Advanced Design System	Agilent 公司的微波、通信部件与系统仿真平台
AM/AM	Amplitude to Amplitude Modulation	幅度-幅度调制（幅度失真）
AM/PM	Amplitude to Phase Modulation	幅度-相位调制（相位失真）
AWGN	Additive White Gaussian Noise	加性高斯白噪声
BER	Bit Error Rate	误码率
COCS	Consecutive Ordered Cyclic Shifts	连续顺序周期转移
DAC	Digital-to-Analog Convertor	数模转换器
DDS	Direct Digital Frequency Synthesizer	直接数字频率合成器
EVM	Error Vector Magnitude	矢量幅度误差
FC	Foreign Contribution	相邻载波间影响
FPGA	Field-Programmable Gate Array	现场可编程门阵列
I	Isolation	独立性
ICI	Inter Carrier Interference	载波间的干扰
IFFT	Inverse Fast Fourier Transform	快速傅里叶逆变换
ISMMT	Interleaved-pulse Scattering Matrix Measurement Technique	交错脉冲散射矩阵测量技术
LFM	Linear Frequency Modulation	线性调频
MCPC	Multi-carrier Complementary Phase-coded	多载波补码相位编码
MRI	Magnetic Resonance Imaging	磁共振成像
OFDM	Orthogonal Frequency Division Multiplexing	正交频分复用
P/S	Paralle to Serial	并/串
PLL	Phase Locked Loop	锁相环
PM	Phase Margin	相位裕量
PMEPR	Peak to Mean Envelope Power Ratio	包络峰均比
PSL	Peak Sidelobe Level	峰值旁瓣水平
PTS	Partial Transmit Sequence	部分传输序列
RCS	Rader Cross Section	雷达散射面积
SF	Stepped Frequency	频率捷变/频率步进
SL	Selected mapping	选择映射
SNR	Signal-to-Noise Ratio	信噪比
SSMMT	Simultaneous Scattering Matrix Measurement Technique	同时散射矩阵测量技术
TI	Tone Injection	载波插入
TR	Tone Reservation	载波保留
TWT	Travelling-wave Tube	行波管
VCO	Voltage-controlled Oscillator	压控振荡器

致　　谢

　　值此完稿之际，感谢南京理工大学吴文教授、新加坡南洋理工大学 Law Choi Look 教授、上海航天技术研究院第八设计部黄伟忠研究员、上海航天技术研究院徐洪清总指挥、上海航天技术研究院罗志军总师、上海航天技术研究院李嵘副总指挥。诸位导师无论在生活、学习，还是工作上都是我很好的领路人，为我指明了前进的方向，给了我前进的动力，各位导师深厚的学术造诣、严谨的治学态度、敏捷的学术思维给我留下了深刻的印象，其言传身教将使我终生受益。

　　感谢中国博士后科学基金会，上海航天技术研究院第八设计部对本书出版的资助。

　　感谢上海航天技术研究院第八设计部孙刚所长、王谷博士、许凌飞博士、王立权博士，以及射频复合制导团队所有人员，包括陈晨、吕瑞恒、李亚乾等型号一线设计师给予的支持和帮助。感谢施鸿雁同志对本书出版的支持和帮助。

　　感谢上海航天电子通讯设备研究所副所长吉峰研究员在关键技术突破方面给予的指导和帮助。

　　感谢上海航天无线电设备研究所王树文研究员、赵学州高级工程师在技术突破和应用方面给予的指导和帮助。

　　感谢复旦大学周国民教授在技术应用领域给予的指导和帮助。

　　感谢赵怀成博士为本书提供的相关仿真和试验数据。

顾村锋

2016 年 4 月于上海

编　后　记

　　《博士后文库》(以下简称《文库》)是汇集自然科学领域博士后研究人员优秀学术成果的系列丛书。《文库》致力于打造专属于博士后学术创新的旗舰品牌，营造博士后百花齐放的学术氛围，提升博士后优秀成果的学术和社会影响力。

　　《文库》出版资助工作开展以来，得到了全国博士后管委会办公室、中国博士后科学基金会、中国科学院、科学出版社等有关单位领导的大力支持，众多热心博士后事业的专家学者给予积极的建议，工作人员做了大量艰苦细致的工作。在此，我们一并表示感谢！

《博士后文库》编委会

彩　　图

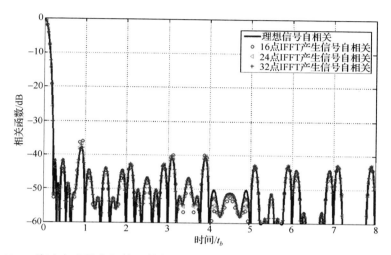

图 2.8　MCPC 脉冲串理想自相关函数与 2、3 和 4 倍过采样生成信号后自相关函数比较图

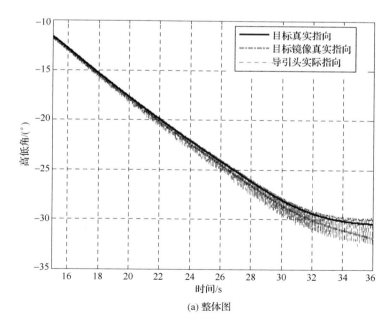

(a) 整体图

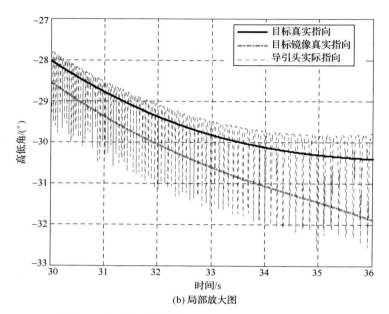

(b) 局部放大图

图 8.7 典型低空弹道制导影响分析(光滑反射面)

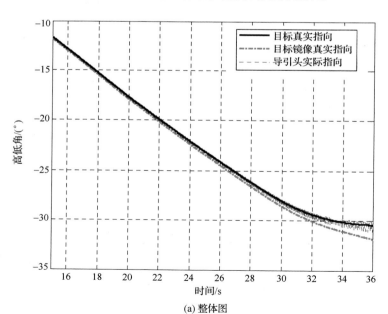

(a) 整体图

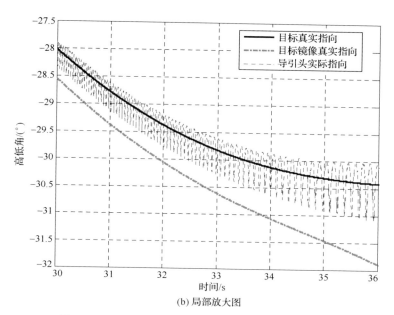

(b) 局部放大图

图 8.10　典型低空弹道制导影响分析（粗糙反射面）

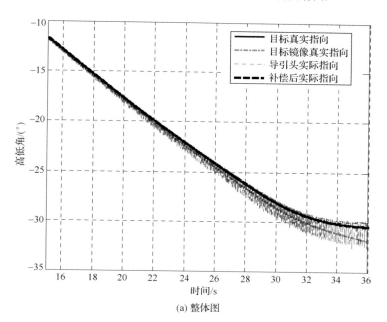

(a) 整体图

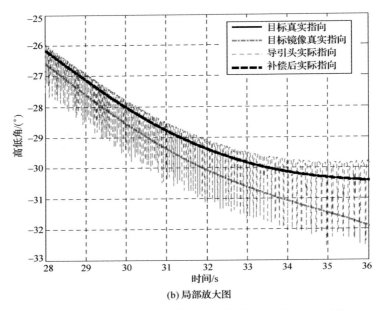

(b) 局部放大图

图 8.13　典型弹道多路径效应补偿效果图(光滑表面反射)

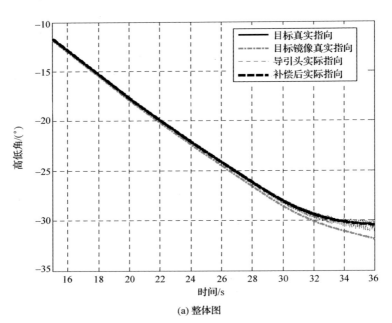

(a) 整体图

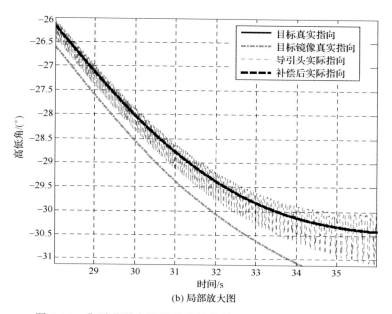

(b) 局部放大图

图 8.14 典型弹道多路径效应补偿效果图(非光滑表面反射)

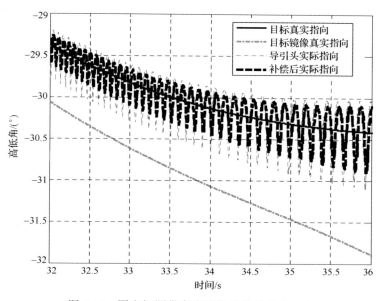

图 8.16 固定探测带宽多路径补偿效果($N=4$)

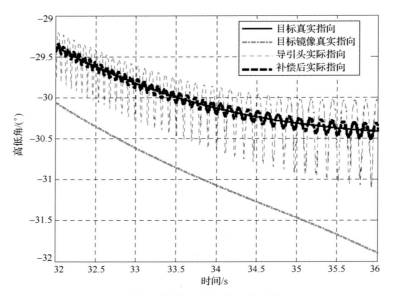

图 8.17　固定探测带宽多路径补偿效果($N=6$)

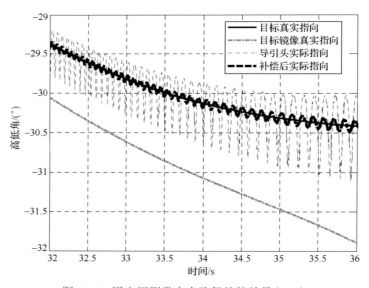

图 8.18　固定探测带宽多路径补偿效果($N=8$)